# 省级地面气象观测资料均一化处理技术与应用

司 鹏　王 冀　编著
李慧君　年飞翔

U0336219

气象出版社
China Meteorological Press

## 内容简介

本书以天津为例,通过对该地区气象台站观测的气温、降水、气压、相对湿度、平均风速序列具体的均一化分析过程,详细介绍了结合局地实际情况的参考序列建立方法、均一性检验和订正方法以及数据产品可用性评估方法等均一化关键技术。同时,介绍了数据均一化处理技术在局地地区百年尺度气温和降水月值序列重建过程中的应用,以及均一化气温数据产品在我国局地和区域气候变化、极端气候变化以及农业气候领域中的应用。

本书可以作为气象行业、交叉行业、科研院所及大专院校等从事气象资料处理、气候和气候变化业务、科研人员的参考材料。

**图书在版编目(CIP)数据**

省级地面气象观测资料均一化处理技术与应用 / 司鹏等编著. — 北京 : 气象出版社,2020.6
ISBN 978-7-5029-7220-2

Ⅰ.①省…　Ⅱ.①司…　Ⅲ.①地面观测-气象观测-资料处理-研究　Ⅳ.①P412.1

中国版本图书馆 CIP 数据核字(2020)第 100604 号

省级地面气象观测资料均一化处理技术与应用
Shengji Dimian Qixiang Guance Ziliao Junyihua Chuli Jishu yu Yingyong

| | | |
|---|---|---|
| **出版发行**:气象出版社 | | |
| **地　　址**:北京市海淀区中关村南大街 46 号 | **邮政编码**:100081 | |
| **电　　话**:010-68407112(总编室)　010-68408042(发行部) | | |
| **网　　址**:http://www.qxcbs.com | **E-mail**:qxcbs@cma.gov.cn | |
| **责任编辑**:王　迪 | **终　　审**:吴晓鹏 | |
| **责任校对**:王丽梅 | **责任技编**:赵相宁 | |
| **封面设计**:博雅思 | | |
| **印　　刷**:北京建宏印刷有限公司 | | |
| **开　　本**:787 mm×1092 mm　1/16 | **印　　张**:8.75 | |
| **字　　数**:220 千字 | | |
| **版　　次**:2020 年 6 月第 1 版 | **印　　次**:2020 年 6 月第 1 次印刷 | |
| **定　　价**:60.00 元 | | |

# 序 言

2011 年 2 月出版的《科学》杂志在社论中指出:"数据推动着科学发展。"近年来,随着气候变化研究得到空前关注,以及基准气候数据研究在我国的开展和不断深入,数据质量日益得到了科学界与广大公众的重视。气象站定点观测记录作为第一手资料在气象行业内外得到最为广泛的应用,与其他观测资料相比,具有其时空代表性强和观测准确性高的优点。然而长期以来,气象台站观测规范改变、仪器变换、站址迁移以及台站间的业务变更等,对过去的观测序列均一性(连续性)造成影响。因此,建立完整可靠且均一的长时间观测序列一直是气候变化观测研究中首先需要解决的关键环节。

在我国,气候资料均一化研究已经取得了一定成果,很多统计模型和技术在气候资料的均一性研究方面发挥了相当重要的作用,很多研究团队研发了较高质量的基准气候数据集产品。但也应该看到,我国气象资料工作者仍将任重而道远:到目前为止,还没有哪一种方法能够较为全面地解决其中的所有问题,不同方法都有其独到的优势,但也存在不足之处;同时,在研究尺度上,目前在月及其以下尺度气候要素的均一化研究技术还存在明显的差距;元数据的完整性、准确性和共享程度仍然还是制约均一化技术发展的一个"瓶颈"问题,如许多历史元数据已经无从考证,观测员对观测规范的理解和执行等存在一定的主观性等,这些因素均会影响气候资料均一性检验和订正的合理性;另外,不同的人,不同的处理方法也使得一些均一化数据产品带有一定的"不确定性"。目前,我国气象业务单位、科研院所和高校等所发布的一系列均一化气候数据产品大多都是全球或全国尺度范围的,这些数据集在进行序列均一化处理时往往容易忽略局地气候变化的特征,或者由于对详细的台站历史沿革信息掌握不全,而可能对统计方法检测到的断点做出的错误判断,带入人为的"非均一性"。因此,我本人就一直非常鼓励台站和基层(当然需要受过一定专门训练)的技术专家就局地或区域性的站网数据集开展更为细致的台站序列均一性研究。这样一方面可以促进省一级气象资料技术力量的提高,另一方面也有可能使得气候资料均一化工作做得更细致精确。这也是我不惮赐墙及肩,而欣然应允为司鹏高级工程师的新作写一个序言的主要原因。

司鹏高级工程师从硕士研究生阶段起就致力于气候资料处理分析及气候变化观测研究。十多年来,她一直坚持在这个领域研究一线,在省级气候资料的均一化研究方面取得了很多有意义的成果,并研发了若干较高质量的区域性均一化数据集产品,为区域气候变化观测研究提供了很多有意义的基础性成果,这是非常难能可贵的。尽管有的成果可能还不是非常的成熟和完美,但这些探索和尝试对于区域性气候数据质量的提升和气候变化研究精度的提高无疑是非常有益的。这本书正是她十多年来对省级气象观测资料均一化处理方法的总结,较为系统和完整地阐述了核心气象要素均一化数据产品的制作过程。她和研究团队成员通过改进当前气候资料均一化处理技术,从局地角度,依据台站详尽的历史沿革信息,因地制宜采用数据处理技术手段进行各气象要素时间序列的均一性分析与订正,并建立了天津地区1951年以来完整的均一化地面常规气象观测要素序列。相信本书的出版,能够为我国高质量的均一化地面基础气象数据产品研制提供有价值的参考依据,特别是为省级资料部门开展气象资料均一化业务提供技术引领和应用示范。同时,也希望司鹏同志以此作为新的起点,继续在气候资料均一化研究和基准气候数据产品研发方面做出更多新的贡献。

李庆祥

于中山大学珠海校区

2020年2月

# 前　言

　　气象要素(温度、降水、气压、相对湿度、风等)的各种统计量(均值、极值、概率等)是表述气候状态的基本依据。近几十年来,气候变化引发了许多灾害,气候变暖、降水偏少等极端天气给人类带来诸多不利,直接影响了工农业生产和人类生活,特别是20世纪90年代以来旱涝灾害的显著加剧,引起人们越来越关注气候资料多年均值的变化及其对气候影响评价和农业的影响程度。因此,长时间尺度气候序列统计结果的合理与否可能会直接或间接影响到社会建设和经济社会的发展。但是,新中国成立以来,我国的地面气象观测规范经历了5次改编,气象要素的观测从观测时制、观测时次、统计方法等均有所改变。随着我国气象现代化发展,全国拟全面实施自动观测站网布局,2014年起新一代自动观测系统进入业务化运行,自动观测基本取代人工观测项目。与此同时,快速的城市化建设,使得许多地面气象观测站不再符合气象探测环境要求而被迫迁站,对观测资料的均一性造成了一定影响,进而缺乏检测区域或局地气候变化规律及预测未来气候变化趋势的可靠观测依据。均一化是解决气候资料非均一性的重要技术手段,通过剔除数据中的系统偏差,保留真实的气候变化特征。

　　近年来,我国气象学者十分重视气候资料的均一化研究工作。自2006年以来,逐步发布了中国区域气温、降水、相对湿度、气压、风速等要素的均一化数据集,并且针对气温和降水两类关键要素,研制了全球范围的均一化数据集。这些产品为我国气象相关业务和科研工作提供了相对可靠的数据支撑,特别是为我国气候变化研究提供了宝贵的科学基础。但是,目前我国有影响力的均一化研究成果,均是基于中国或是全球尺度范围,对于局地空间尺度的研究甚少。在气候变化研究工作中,区域大范围的气候特征均有一定的趋势变化规律,而对于局地气候变化特征,会因局地气候特点的不同而产生差异,如极端气候等。所以,如果利用大的空间尺度方法来处理局地地区非均一的气候时间序列,势必会剔除真实的局地气候特征;或者在没有充分了解局地台站的具体历史沿革情况下,而对其时间序列进行均一化处理,往往会造成错误的断点订正,导致订正结果的偏差。因此,从气候变化研究的真实性和特殊性角度来看,撰写一本适合局地气候特点的数据均一化分析方法的参考书,对于改进当前均一化研究技术以及提高气候变化业务质量是十分必要的。本书提出适合局地基础气象要素参考序列的建立方法,重点解决均一性检验难点,为均一化业务开展提供技术支撑;提出数据质量评估方法,为高质量均一化数据研制提供技术指标。在此基础上,全面系统地研制了局地多尺度气温、气压、相对湿度、风速、降水均一化数据集。

　　随着京津冀一体化发展,生态脆弱性问题已逐渐由独立的城市演变为区域性难题,所以客观揭示该地区平均气候和极端气候变化规律及其幅度,对我国社会经济的健康发展具有重要意义。天津是京津冀城市群中的重要城市,近年随着经济发展和大规模的城市改造,其城市气候变化结构及其特征有了新的改变。同时,为了适应气象现代化发展,2004 年开始天津地面气象观测业务全面进入自动化(除部分云和蒸发观测项目外),77%左右的台站存在 2 次及以上的迁站过程,并且各台站自建站以来各气象要素均经历了 10 余次的观测仪器变更,进而导致的气候时间序列不连续是在所难免的。为此,本书利用 RHtestsV4/5 方法结合台站元数据,逐步对天津地区 13 个国家级地面气象站建站以来的气温、降水、平均风速、相对湿度及气压资料进行均一性检验和订正,系统完整地剔除了迁站、仪器变更、观测时次变更、自动站替换人工观测等因素在各要素序列中造成的突变影响,并将均一性分析结果在台站元数据中进行了补充。为最大程度地确保基础研究数据的可靠性,在数据分析之前,将存在明显均一性问题的台站资料进行了预处理。为尽可能保证检验结果的真实可靠,研究中从局地角度结合台站实际情况,针对不同气象要素采用了不同的参考序列建立方法,改进了以往因站点稀缺或缺少足够时间长度序列而无法建立合理参考序列的不足。另外,为确保数据产品的质量,研究中对得到的均一化数据产品的气候特征及其与同类数据产品的误差和相关性等进行了对比评估,让用户对其质量能够有更深入的了解,为其使用提供科学依据。

本书的第 1 章至第 8 章由司鹏负责编写,年飞翔参与本书第 8 章 8.1 节的编写,李慧君参与本书第 8 章第 8.2 节的编写,本书第 6 至第 8 章相关气候变化分析部分得到了王冀研究员的指导。本书第 1 章主要介绍了均一化技术的重要性,目前国内外均一化研究技术概况,天津地区气象观测资料现状以及本书均一化研究技术的优势所在;第 2 章至第 5 章详细介绍了针对局地尺度范围的气温、降水、气压、相对湿度、平均风速序列的均一化分析方法以及数据产品的可用性评估方法,包括不同要素参考序列的建立方法、均一化检验和订正等;第 6 章、第 7 章介绍了利用均一化技术建立局地百年气温和降水序列;第 8 章主要介绍了均一化气温数据,在局地和区域气候变化、极端气候变化以及农业气候领域的应用。

本书的出版由国家自然基金项目(41905132)"京津冀百年均一化气候资料日值序列构建的研究"、国家重点研发计划项目(2018YFC1505604)"京津冀精细化强降温预测技术研发及在北京冬奥会中的应用"以及国家自然基金项目(41975105)"近百年全球表面温度变化及其不确定性"提供资助。本书的出版得到了天津市气象局的支持。本书撰写过程中,作者翻阅了近几年国内外气候资料均一化研究的文献和书籍,特别是认真研读了李庆祥教授编著的《气候资料均一性研究导论》。本书的撰写也得到了李庆祥教授的鼓励并撰写了序言。作者还请教了许多资料分析和气候变化领域的资深专家,得到了他们的指导和宝贵建议。同时,结合近年来作者本人所做的一些研究工作,使得本书得以成册。由于作者掌握的知识和信息技术有限,书中难免会有不当之处,还请各位专家和前辈不吝赐教和指正。

司鹏

2020 年 1 月

# 目　录

# 第1章 绪 论

数据驱动科学发展(Hanson et al.，2011)。长年代连续的气候序列是进行气候分析和气候变化研究的基础(Saha et al.，2018；Wang et al.，2018；Xu et al.，2018；Li et al.，2013；Rayner et al.，2003)，也是气候模式订正及其背景场输入的实况基础(Kamizawa et al.，2018；Gehne et al.，2016)。作为第一手资料的气象站观测记录得到了最为广泛的应用，与其他数据相比，其具有代表性和准确性的优点(Xu et al.，2018；Dienst et al.，2017)。近年来，全球增暖越来越成为科学家们的共识，特别是近50年尺度全球、半球、大尺度区域的气候变化研究结论得到了气候学界的广泛认同，但由于站点覆盖度、资料的完整性、观测序列的非均一性及数据处理技术等问题，使得长年代气候变化的定量特征仍然存在着一定的误差和许多不确定性(Sun et al.，2017；Thomas et al.，2013；李庆祥 等，2010；Brohan et al.，2006)。这对于深入系统地研究区域或局地气候变化特点和预测未来的气候变化趋势是缺乏可靠观测依据的。

一直以来，与我国高速发展的综合气象观测系统自身矛盾的是，地面观测资料的应用水平明显滞后，主要原因是资料本身的质量问题，进而缺乏可供用户直接使用的基础数据。同时，国际上"气候门"等事件使得观测资料的质量受到了空前关注(李庆祥，2011)。另外，在实际观测中由于观测台站迁移、观测仪器改变、观测手段变化及均值统计方法改变等原因不可避免地造成长期观测资料中存在着非均一性问题，导致序列产生突变(图1.1)，而使其无法真实地代表气候变化特征与规律，造成气候变化监测结果的歪曲。因此，如何建立完整可靠的长时间观测序列一直是气候变化研究中首先需要解决的关键问题。

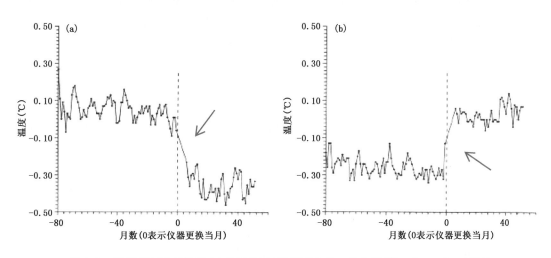

图 1.1 仪器变更造成最高(a)最低(b)气温序列非均一的个例(Quayle et al.，1991)

均一化是解决气候资料非均一性的重要技术手段,通过剔除数据中的系统偏差,保留真实气候变化特征(Hewaarachchi et al.,2017;Rahimzadeh et al.,2014;Haimberger et al.,2012;Della-Marta et al.,2006)。然而,我国气象观测台站元数据的收集程度仍然较为匮乏,详尽的历史元数据信息普遍严重缺失,给气象观测资料的均一化分析带来很大困难。并且由于资料的均一化处理程度不够,没有对仪器变更、观测时次改变、业务变更等影响因素进行全面系统地剔除。检验方法存在单一性,参考序列的建立方法缺乏普遍适用性,影响序列断点判识的真实性。因此,需要采用更加完整的元数据信息及组合性均一化技术方法,构建我国可靠的气象观测序列,为我国不同区域气候背景条件下长年代气候序列的建立提供借鉴,进而更为客观地揭示我国极端气候事件的变化规律,量化其变化幅度。

## 1.1　气象观测资料均一化研究进展

20世纪80年代初,国外学者对气候资料的均一化开展了研究,强调指出,在气候变化研究中,采用去除显著断点的时间序列能够更为准确地进行气候要素分析(Haimberger et al.,2012;Della-Marta et al.,2006),并且在许多发达国家,均一化技术已经得到了成熟的业务化应用。Chenoweth(1992)发现,美国19世纪和20世纪初期温度计存在不同的曝露类型,而这种不同的曝露很大程度上导致气温数据集的非均一性。Rahimzadeh et al.(2014)研究表明,探测环境的改变和台站迁移改变了气温序列的统计特征,包括平均值、方差和频率分布,并在空间平均趋势中引入了不确定性。Quayle et al.(1991)的研究团队将木棉区域掩蔽所中一半以上的玻璃液体最大和最小温度计替换为基于热敏电阻的最大—最小温度观测系统,并安置在较小的塑料掩蔽所中。通过分析表明,他们坚信这种校正能够得到相对均一的区域平均温度时间序列。

近年来,为满足预报预测、数值模拟、气候变化等业务和科研需要,我国也陆续开展了气温、降水、风速、气压、相对湿度、太阳辐射等地面观测要素的均一性研究(Si et al.,2019;Si et al.,2018;司鹏 等,2018;朱亚妮 等,2015;远芳 等,2015;司鹏 等,2015a;李庆祥 等,2012;Li et al.,2004b),其中对气温和降水数据的研究取得了较好成果。通过订正迁站、仪器变更、人工转自动等造成的序列突变,建立了中国1951年以来的均一化历史气温和降水数据集(杨溯 等,2014;Xu et al.,2013;Li et al.,2009a),该数据集为我国近50年来的气候检测和趋势变化研究提供了相对可靠的数据基础(Xu et al.,2018;Hu et al.,2016;李庆祥 等,2010)。朱亚妮等(2015)针对我国2400多个地面站月平均相对湿度资料的均一性进行了检验,订正了自动站业务化、迁站和时次变更等对相对湿度序列造成的突变影响。赵煜飞和朱亚妮(2017)基于该数据集采用薄盘样条法对其进行空间插值,得到了中国地面均一化相对湿度月值0.5°×0.5°格点数据。远芳等(2015)利用RHtestsV2软件包以及静力学模式误差订正方法对我国825个基准基本站本站气压的月值数据进行了均一性检验和订正。

前人的研究成果,使得气象观测资料的均一化分析工作有了明确的方向,同时也为气候变化研究提供了可靠的基础支撑。但是尽管如此,目前对空间尺度范围较小的区域气候资料研究甚少,并且随着地面综合气象观测业务现代化发展需求,又使得已有均一化数据产品出现新的非均一性问题(如再次迁站、仪器变更、新一代自动站业务化等)。另外,从处理技术上看,气候资料的均一化研究并不是一成不变的,需要在实践应用中不断进行探索,改进研究方法和技术手段,最终才能得到相对可靠的均一化数据产品。其中,元数据记载的缺失、人为处理数据的经验以及参考序列建立方法的不同等均是造成气候序列断点误判的重要原因,进而导致相同要素资料的订正结果产生显著差异(司鹏 等,2015b)。对于局地范围来说,很多气候资料的非均一性是台站自身历史原因造成的,比如观测台站之间的站号以及观测业务互换等,可通过序列调整得到连续的气候时间序列。但在全国大范围资料的均一化分析过程中这种因素往往被误认为是非均一的,导致许多不必要的断点订正,在朱亚妮等(2015)、远芳等(2015)、Xu et al.(2013)对我国基础要素资料的均一化研究中便存在这样的问题。

因此,在前人工作基础上针对局地范围,根据不同气象要素采用不同参考序列的建立方法来更加深入地分析地面基础气象要素的均一性问题是值得尝试的。

## 1.2　天津地面气象观测资料概况

对天津而言,2004 年开始地面气象观测业务全面进入自动化(除部分云和蒸发观测项目外),并且随着我国气象现代化发展需求,2014 年起全面实施了自动观测站网布局,新一代自动站系统进入业务化运行,自动观测基本取代人工观测项目(司鹏 等,2015c)。这种大批量的仪器换型可能会因观测原理或物理方法的不同,甚至会由于自动观测仪器的不完善导致观测资料的不连续,造成统计数据的不真实。王颖等(2007)、沈燕等(2008)及刘小宁等(2008)分别对我国 2005 年前后人工与自动平行观测期间的温、压、湿、风、降水、地温及蒸发量等基础要素进行了对比分析,结果表明自动与人工观测各气象要素均存在一定的差异。天津地区 77% 左右的国家级地面观测站存在 2 次及以上的迁站过程,并且自建站以来各气象要素均经历了 10余次的观测仪器变更。另外,由于业务需要也造成了部分(宝坻、天津、市台)台站的观测任务发生改变,由 3 次站变为 4 次站,或者相反。与此同时,快速的城镇化建设进程,使得许多地面观测站不再符合气象探测环境要求而被迫迁站,像武清、津南、北辰等观测站已经在再次迁站过程中,对观测资料的均一性造成了一定影响,进而导致的气候时间序列不连续是在所难免的。因此,在对长时间尺度气候序列进行存储和应用之前,首先对其进行系统地均一性分析是非常必要和重要的。

为此,以天津地区为例,对其 13 个国家级地面气象站 1951 年以来的气温、降水、平均风速、相对湿度、气压等要素进行均一性检验和订正,建立能够反映天津地区真实气候变化的均一化历史气温、降水、平均风速、相对湿度、气压数据集,为城市化影响评估、未来趋势变化及生态资源评价等提供科学的基础支撑。针对各站自身真实的历史沿革问题,对局地尺度的基础气象要素的均一化技术进行研究,为省级气象部门的历史数据均一化研究技术提供参考,得到相对准确的区域气候基本状态描述信息,能够更为真实地展现本省特有的天气气候特征,并在天气、气候及气候变化、预报预测、气象决策及数据服务等业务和科研工作中发挥重要作用。不断完善和提高基础观测资料的质量与分析技术,为当前气象业务现代化和精细化对高时空分辨率、高精度数据产品的需求提供基础支撑,促进气象资料服务在政府决策、公共气象及科研应用中发挥应有的社会经济效益。

## 1.3　研究技术的客观评价

如何建立相对均一的参考序列以及获得详尽的台站元数据是气象数据均一化研究的两大关键技术难点。本书着重从这两点出发，来研制气温、降水量、平均风速、相对湿度及气压要素的均一化数据产品。尽管采用的基础源数据和均一性分析的数理统计方法均与中国气象局发布数据产品一致，但有三个方面是不同的，分别是原始资料的预处理、参考序列的建立方法以及序列断点的订正，正是这三个方面的不同体现出了从局地角度，根据台站实际情况，因地制宜地采用不同数据处理技术手段进行气候时间序列均一性分析的重要意义。

相对国内外同类技术，本书给出了组合性均一化分析方法，应用完整的台站元数据和历史档案信息，针对各气象要素采取不同的参考序列建立方法，使得资料的均一性检验和订正结果更加客观合理。研制的均一化数据产品不会掩盖资料本身原有的局地气候变化特征，能够客观揭示局地大规模的非均一性影响，得到相对准确的区域气候基本状态描述信息（表 1.1）。

表 1.1　本书与以往国内外同类研究比较

| | | 本书 | 同类研究 |
|---|---|---|---|
| 研究对象 | 要素种类 | 气温、气压、相对湿度、风速、降水 5 种要素 | 单要素 |
| | 时间尺度 | 小时、日、月、年 | 月、年 |
| 研究方法 | 预处理 | 结合台站历史档案信息，对资料的均一性做初步判断并进行处理，避免断点订正偏颇 | 缺乏对台站实际问题的深入了解，未进行预处理，造成断点误判，导致订正的偏颇 |
| | 参考序列建立 | 提出适合局地基础气象要素参考序列的建立方法，改进以往因站点稀缺或缺少足够时间长度气候序列而无法建立合理参考序列的不足 | 各要素建立方法基本一致，但需要在足够台站气候资料的前提下；部分研究没有采用参考序列，造成非均一性分析的片面性 |
| | 断点订正 | 充分尊重第一手资料的合理性，订正断点必须有确切元数据支持，或结合局地气候特点判断的无元数据支持 | 单纯依靠数理统计检验得到显著断点，导致部分真实气候突变被误判 |
| 研究结果 | 质量评估 | 订正资料的气候统计特征及与国内外具有代表性的同类数据进行误差对比，提出高质量均一化数据的检验指标 | 仅评估订正资料的气候统计特征，无法全面衡量数据质量 |
| | 应用价值 | 全面系统地发挥局地长时间气候资料在城市规划、应对气候变化及生态文明建设中的社会价值 | 受质量和数量影响导致应用的局限性 |

# 第 2 章　天津地区气温与降水资料的均一化处理

气温和降水是气象站观测记录中最重要的两个基本要素(Chen et al.，2018；Goswami et al.，2018；Bintanja et al.，2014；Chou et al.，2013)。降水在多时空尺度上对全球水文循环的调节起着重要作用(Wang et al.，2016；Zhang et al.，2011)，而气温特定变化量与降水变化量的关联性，对于了解全球水文系统以及气候模式的发展和校正具有重要意义(Nguyen et al.，2018；Nayak，2018；Chang et al.，2016；Westra et al.，2013)。

## 2.1　天津地区气温与降水资料选取

本章用到的基础资料来自国家气象信息中心"基础气象资料建设专项"研制的中国地面历史基础气象资料及台站元数据集(任芝花 等，2012)，选取天津地区 13 个地面气象站(图 2.1) 1951 年以来逐日降水量、平均气温、平均最高和平均最低气温资料进行均一性分析。该数据集在研制过程中通过质量检测和质量控制不仅更正了纸质资料本身存在的观测和抄录错误数据，还更正了信息化过程导致的资料错误和无数据现象，最大程度地确保了研究数据的可靠

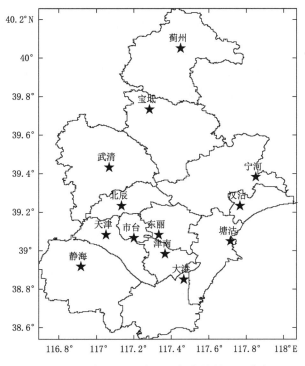

图 2.1　天津地区 13 个地面气象站的地理分布

性。其中,台站元数据资料用来描述各气象台站的历史沿革信息,作为判断气温、降水序列非均一性检验结果是否合理以及断点订正位置的参考依据。

需要指出的是,由于天津站(54527)和市台站(54517)在 1992 年之前出现站号互换、业务变更的问题,本书为了避免这种情况导致两个台站气温和降水序列产生非均一现象,在数据分析之前,将 54527 和 54517 两个地面站建站至 1991 年 12 月 31 日时间段的资料互换,按照现站址信息分别对各台站的时间序列进行定义。这种做法在我国以往气候资料的均一化处理分析中是不具备的,并且明显优于我国以往的均一化研究工作(刘小宁,2000;曹丽娟 等,2010;远芳 等,2015),也是一直以来针对天津气象台站实际情况,对该地区基础气象要素均一化处理所采取的可靠有效的技术手段(Si et al.,2018;司鹏 等,2018;司鹏 等,2015b)。在后续气压(第 3 章)、相对湿度(第 4 章)、平均风速(第 5 章)要素中均有同样的预处理过程。

## 2.2　气温与降水资料均一性检验与订正

### 2.2.1　气温资料的均一性检验和订正

本节采用 RHtestsV4 软件包对天津地区逐日平均气温、最高、最低气温序列进行均一性检验和订正。该方法是在 RHtestsV3 分位数匹配订正(Quantile-Matching adjustments,QM)中增加了使用参考序列的过程。RHtestsV3 方法已被前人广泛应用于气温、降水、风速及相对湿度等气候序列的均一性分析中(Kuglitsch et al.,2012;Dai et al.,2011;Wan et al.,2010;Alexander et al.,2006)。检验方法包括两种,一种是惩罚最大 t 检验(Penalized Maximal t test,PMT)(Wang et al.,2007),其检验过程中需要建立参考序列,待检序列与参考序列的差值(差值序列)是被检验的对象。另一种是惩罚最大 F 检验(Penalized Maximal F test,PMF)(Wang,2008a),适用于无参考序列的检验过程,检验的对象可以是原始序列,亦或是待检序列与参考序列的差值序列。两种算法能够经验性地考虑到序列滞后一阶自相关导致的统计量检验误差,并嵌入了多元线性回归方法,通过使用经验性的惩罚函数,极大地减小伪识别率和检验功效不平衡分布的问题(Wang,2008b)。

断点的订正方法采用 QM 订正(Wang et al.,2010),其订正的目的是使在去除线性趋势后的待检序列中,所有片断具有相互匹配的经验分布。QM 订正可以解决季节性的不连续问题,重要的是,在解释说明所有被识别出的断点时,待检序列中的年循环、滞后一阶自相关以及线性趋势的评估是相互协调进行的。

#### 2.2.1.1　参考序列的建立和检验序列的形成

在气候时间序列的均一性检验过程中,建立相对均一的参考序列是非常重要的。台站元数据给出的各站址地理信息显示,天津各气象站均处于同一气候系统,台站所在周围环境基本一致,除蓟州(54428)处于较高地势外,其他台站的地势地形差异不大,拔海高度基本相当。所以,本节中拟从 13 个地面站中选取相对均一的单站序列作为参考序列($r_i$)。与此同时,为了确保检验和订正结果的真实可靠,这里也采用了 P-E 技术(Peterson et al.,1994)对每个台站建立尽可能均一的参考序列($r_i$)。检验序列 $Q_i$ 的构造采用差值法,即待检序列 $Y_i$ 与参考序列 $r_i$ 的差值。

$$Q_i = Y_i - r_i \tag{2.1}$$

(1)单站参考序列的建立

采用 RHtestsV4 软件包提供的惩罚最大 F 检验(PMF)(Wang,2008a)结合台站元数据对天津地区 13 个地面站建站以来的年、月尺度的平均气温、平均最高和平均最低气温序列进行均一性检验,置信度水平设为 0.01 和 0.05。通过检验,剔除两种置信度水平下年(月)序列均出现显著断点的台站,从剩余台站中,依据时间序列长度、资料完整性、台站所在位置受城市化影响程度以及资料代表性等方面对参考站进行筛选,最终选取宁河站(54529)为单站参考序列,完整性较好,台站所在周围环境为乡村。

(2)P-E 技术参考序列的建立

P-E 技术能够将参考序列中的非均一性影响减小到最小,从而建立尽可能均一的参考序列(Peterson et al.,1994)。主要思路如下。

①基于天津地面观测站网(13 个气象站),将选取的每一个待检台站的逐月/年平均温度序列(最高、最低气温)进行差分处理,得到 $d_T/d_t$ 时间序列。即

$$(d_T/d_t)_i = T_i - T_{i-1} \tag{2.2}$$

其中,$i$ 表示年份,$d_T/d_t$ 是差分序列的整体表示,$T_i$ 表示第 $i$ 个数据,$T_{i-1}$ 表示第 $i-1$ 个数据。

②计算待检台站的 $d_T/d_t$ 序列与潜在参考台站 $d_T/d_t$ 序列的相关系数($r_{kl}$)。

$$r_{kl} = \frac{\sum_{i=1}^{n} (d_T/d_t)_{ki}(d_T/d_t)_{li} - n\overline{(d_T/d_t)_k}\,\overline{(d_T/d_t)_l}}{\sqrt{\sum_{i=1}^{n}(d_T/d_t)_{ki}^2 - n(\overline{(d_T/d_t)_k})^2}\sqrt{\sum_{i=1}^{n}(d_T/d_t)_{li}^2 - n(\overline{(d_T/d_t)_l})^2}} \tag{2.3}$$

其中,$n$ 表示时间序列长度,$i$ 表示年份。

③利用多元变量随机块置换检验法(MRBP)(Mielke,1986),对与待检台站的 $d_T/d_t$ 序列相关性最好的潜在参考台站 $d_T/d_t$ 序列进行显著性检验。从而选取通过 MRBP 检验的正相关最大的 5 个潜在参考台站的 $d_T/d_t$ 时间序列。

④利用加权平均将这 5 个时间序列拟合为参考 $d_T/d_t$ 序列,权重系数为各自的相关系数的平方。

⑤将参考 $d_T/d_t$ 序列反算得到每个待检时间序列的参考序列。

(3)单站参考序列可靠性分析

图 2.2 给出相对均一的单站参考序列(宁河站)及其对应 P-E 技术参考序列的年平均温度变化曲线。从图中可以看出,宁河站和对应 P-E 参考序列的年平均最高气温、平均气温和平均最低气温曲线的年代际变化和趋势变化特点一致,并且相对 P-E 参考序列,宁河站的 3 类年平均温度序列没有明显突变现象,这种特点同样也表现在逐月最高气温、平均气温和最低气温的曲线变化中(图略)。但值得注意的是,对于年平均最低气温序列(图 2.2c),P-E 技术无法建立完整的参考序列,冬季月份(12 月、1 月、2 月)的最低气温序列也是如此。同样,其他 12 个台站年、月最低气温的 P-E 参考序列也有相同问题。同时,统计得到(表 2.1),宁河站与其他 12 个地面站年平均最高气温、平均气温和平均最低气温序列均呈显著正相关(显著性水平 $\alpha=0.01$),同样逐月、日平均温度序列也呈显著正相关(表略)。

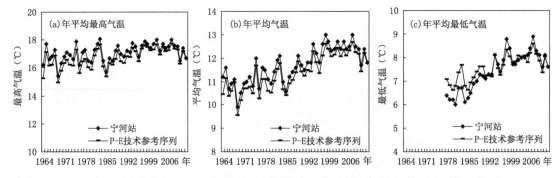

图 2.2　宁河站(54529)及其对应 P-E 技术参考序列的逐年(a)平均最高气温、
(b)平均气温、(c)平均最低气温变化曲线

表 2.1　宁河站(54529)与天津地区其他 12 个地面站年平均温度的相关系数

| 站号 | 54428 | 54517 | 54523 | 54525 | 54526 | 54527 | 54528 | 54530 | 54619 | 54622 | 54623 | 54645 |
|---|---|---|---|---|---|---|---|---|---|---|---|---|
| 最高气温 | 0.967* | 0.938* | 0.968* | 0.970* | 0.928* | 0.954* | 0.949* | 0.967* | 0.912* | 0.960* | 0.893* | 0.853* |
| 平均气温 | 0.978* | 0.972* | 0.957* | 0.971* | 0.966* | 0.983* | 0.937* | 0.974* | 0.979* | 0.973* | 0.979* | 0.920* |
| 最低气温 | 0.948* | 0.962* | 0.866* | 0.918* | 0.956* | 0.959* | 0.771* | 0.924* | 0.970* | 0.928* | 0.885* | 0.889* |

* 表示通过显著性水平 $\alpha = 0.01$ 检验。

因此,通过以上分析表明,相对 P-E 技术建立的参考序列,宁河站的气温序列具有更好的完整性和区域代表性,能够作为天津地区真实气温变化的参照,通过检验与之显著不协调的信号来反映近 60 年来天津地区平均温度序列中的不均一性。

#### 2.2.1.2　断点位置的确定方法

利用 RHtestsV4 软件包提供的惩罚最大 t 检验(PMT),采用相对均一的单站序列(54529)作为参考序列,分别对其他 12 个地面站的年、月、日平均气温、平均最高气温、平均最低气温的检验序列 $Q_i$ ((2.1)式)进行检验,保留其中的两类断点进行订正。一类是在年或月序列中检验出的显著断点,并且有元数据的支持,如果该断点出现的时间与台站元数据记录信息相差一年以内,根据元数据记录时间替换该断点位置。另一类是没有元数据支持,但是在年、月、日序列中被同时检验出的相同年份的显著断点,断点位置依据日平均温度序列被检验出的断点时间。检验的置信度水平均为 0.01。

### 2.2.2　降水资料的均一性检验和订正

利用标准正态检验方法(SNHT)(Alexandersson,1986)对天津地区 13 个地面站降水量资料进行均一性检验。该方法基于最大似然原理,通过检测待检序列和距离较近、相关较大的参考序列的差值或比值序列,来判断气候时间序列中的不连续现象,特别是对于突变幅度较小的不连续点检测效果更佳。

#### 2.2.2.1　参考序列的建立和检验序列的形成

基于天津地区的地面观测站网(13 个国家站),分别将每一个站的年降水量作为检验序列,其余所有 12 个台站作为备选台站构造参考序列。具体做法是:从每个待检站邻近的所有

台站中选取相关系数较大的 5 个站,并选取其中时间序列相对较长的 2 个站,作为待检台站的
参考台站,利用公式(2.4)建立参考序列 $r_i$ ,即

$$r_i = \left[ \sum_{j=1}^{2} \rho_j^2 X_{ji} / \overline{X_j} \right] / \sum_{j=1}^{2} \rho_j^2 \tag{2.4}$$

式(2.4)中, $\rho_j$ 是待检序列与参考台站序列 $X_{ji}$ 的相关系数, $\overline{X_j}$ 是参考台站序列的平均值。由
于降水资料的空间不连续性,在这里采用比值法( $Y_i$ 为待检序列, $\overline{Y}$ 为其平均值)构造检验序
列 $Q_i$ ,即

$$Q_i = \frac{Y_i / \overline{Y}}{r_i} \tag{2.5}$$

对该序列进行标准化,其目的是使序列的值在 1 附近波动,并且近似服从 $N(0,1)$ 分
布,即

$$Z_i = (Q_i - \overline{Q}) / \sigma_Q \tag{2.6}$$

#### 2.2.2.2　统计假设检验

根据降水序列的实际情况,采用单断点的平均值检验断点,具体方法如下。

设序列 $\{Z_i\}(i=1,2,\cdots,n)$ ,若 $\{Z_i\}$ 序列没有断点存在,则统计假设为 $Z_i$ 服从标准正态分
布,即对于任意 $i, Z_i \in N(0,1)$ ;若 $\{Z_i\}$ 序列有一个间断点 $a$ ,则统计假设如下。

$$\begin{cases} Z_i \in N(\mu_1,1), & i \in \{1,\cdots,a\} \\ Z_i \in N(\mu_2,1), & i \in \{a+1,\cdots,n\} \end{cases} \tag{2.7}$$

式(2.7)中, $\mu_1$ 、$\mu_2$ 分别为假设断点 $a$ 前后两个序列的平均值( $\mu_1 \neq \mu_2$ ),$n$ 为序列长度。根据
最大似然比率的标准技术(Lindgren,1968),构造统计量 $T^s$ 作为显著性判据。

$$T^s = a \overline{(z_1{}^2)} + (n-a)(\overline{z_2{}^2}) \tag{2.8}$$

$T^s$ 的最大值 $T^s_{\max}$

$$T^s_{\max} = \max_{1 \leqslant a \leqslant n-1} T^s = \max_{1 \leqslant a \leqslant n-1} \{a \overline{z_1}^2 + (n-a) \overline{z_2}^2\} \tag{2.9}$$

式(2.8)、(2.9)中, $\overline{z_1}$ 、$\overline{z_2}$ 分别表示断点 $a$ 前后的平均值,如果 $T^s_{\max}$ 大于选定的显著性水平,
该序列存在断点。表 2.2 给出显著性水平 0.1 和 0.05 的 $T^s_{\max}$ 临界值。

表 2.2　显著性水平 0.1 和 0.05 的 $T^s_{\max}$ 临界值表(李庆祥 等,2008a)

| 序列长度 | 0.1 显著性水平 | 0.05 显著性水平 |
|---|---|---|
| 10 | 5.05 | 5.70 |
| 20 | 6.10 | 6.95 |
| 40 | 7.00 | 8.10 |
| 60 | 7.40 | 8.65 |
| 80 | 7.70 | 8.95 |
| 100 | 7.85 | 9.15 |
| 150 | 8.05 | 9.35 |
| 200 | 8.20 | 9.55 |

## 2.3 气温与降水资料均一化分析

### 2.3.1 气温资料的均一性分析

#### 2.3.1.1 检验出的断点数量及相关原因的统计分析

检验得到的断点信息显示(表 2.3),在最高气温、平均气温、最低气温序列被检验出的断点中有元数据支持的分别占了 71%、82%、78%,还有小部分比例的断点是没有元数据支持的,但是在年、月、日时间尺度中被同时检验出,考虑到人为因素或元数据记录的不完整等诸多因素影响,研究中对这些显著断点依然进行了订正。其中,最低气温序列的非均一性最为明显,存在 2 个断点的台站占了 50%,12 个台站中订正的断点总数为 18 个,主要出现在 20 世纪 60 年代中后期和 21 世纪初(图 2.3c);其次为最高气温,存在 2 个断点的台站占了 25%,订正断点总数为 14 个,主要出现在 20 世纪 80 年代中后期和 21 世纪初(图 2.3a);而平均气温序列基本存在 1 个间断点,占台站总数的 75%,订正断点总数为 11 个,主要出现在 21 世纪初(图 2.3b)。

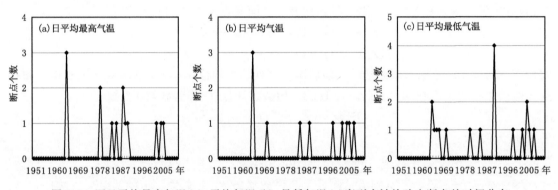

图 2.3 逐日平均最高气温(a)、平均气温(b)、最低气温(c)序列中被检验出断点的时间分布

造成序列突变的原因,如表 2.3 所示,对于最低气温来说,迁站是造成其序列不连续的主要原因,占断点总数的 44%,其次是仪器变更,占断点总数的 28%;相同的,迁站也是导致平均气温序列突变的主要原因,占断点总数的 45%,其次是仪器变更,占断点总数的 27%;而对于最高气温来说,仪器变更则是导致其序列突变的主要原因,占断点总数的 43%,迁站影响仅占断点总数的 21%。但总的来看,2005 年以后自动站的业务化应用对天津地区气温序列的均一性影响相对较小。

表 2.3 被检验出的断点数量及其原因统计

| | 总断点数 | 迁站 | 仪器变更 | 自动站业务化 | 未知原因 |
|---|---|---|---|---|---|
| 最高气温 | 14 | 3 | 6 | 1 | 4 |
| 平均气温 | 11 | 5 | 3 | 1 | 2 |
| 最低气温 | 18 | 8 | 5 | 1 | 4 |

### 2.3.1.2　造成气温序列不连续的具体原因分析

表 2.4 给出了天津 12 个地面站各气温序列中被检验出的断点信息及其具体的原因。从表 2.4 中可以看出,天津地区 12 个地面站的逐日最高气温、平均气温、最低气温序列均存在显著的断点。查阅台站元数据得到,武清(54523)、东丽(54526)、津南(54622)和大港(54645)4 个站气温序列的不连续主要是迁站造成的,导致了各站海拔高度有幅度较小的降低,经纬度没有发生明显改变,但是新旧两地的水平距离产生了明显的差异,其中,武清站(54523)在 1965 年站址迁移前后的水平距离达 10 km,津南站(54622)在 1979 年因迁站导致的水平距离差异达 35 km,大港站(54645)在 2003 年的迁站水平距离也达到了 3 km,这势必会造成站址迁移前后的局地气候环境发生变化,导致气温时间序列的不连续。另外,从表 2.4 中给出的因迁站导致的断点时间来看,2000 年以后的居多,这主要是由于城市城区的开发建设,对现址气象探测环境的影响较大,迫使台站迁移。

**表 2.4　天津 12 个地面气象站气温逐日序列均一性订正信息**

| 区站号 | 站名 | 站类 | 订正序列 | 是否订正 | 订正时间 | 订正原因 |
|---|---|---|---|---|---|---|
| 54428 | 蓟州 | 一般站 | 最高气温 | 是 | 1991-07-21 | 未知 |
|  |  |  | 平均气温 | 否 | —— | —— |
|  |  |  | 最低气温 | 是 | 1968-01-01 | 迁站 |
| 54517 | 市台 | 一般站 | 最高气温 | 是 | 1989-01-01 | 仪器变更 |
|  |  |  |  |  | 2005-01-01 | 自动站 |
|  |  |  | 平均气温 | 是 | 2005-01-01 | 自动站 |
|  |  |  | 最低气温 | 是 | 1966-01-01 | 仪器变更 |
| 54523 | 武清 | 一般站 | 最高气温 | 是 | 1979-08-01 | 未知 |
|  |  |  | 平均气温 | 是 | 1965-01-01 | 迁站 |
|  |  |  | 最低气温 | 是 | 1965-01-01 | 迁站 |
|  |  |  |  |  | 2005-01-01 | 迁站 |
| 54525 | 宝坻 | 基本站 | 最高气温 | 否 | —— | —— |
|  |  |  | 平均气温 | 是 | 1971-06-28 | 未知 |
|  |  |  | 最低气温 | 是 | 1985-06-04 | 未知 |
| 54526 | 东丽 | 一般站 | 最高气温 | 是 | 1984-08-03 | 未知 |
|  |  |  |  |  | 2006-01-01 | 迁站 |
|  |  |  | 平均气温 | 是 | 2006-01-01 | 迁站 |
|  |  |  | 最低气温 | 是 | 1971-08-01 | 迁站 |
|  |  |  |  |  | 2006-01-01 | 迁站 |
| 54527 | 天津 | 基本站 | 最高气温 | 是 | 1965-01-01 | 仪器变更 |
|  |  |  | 平均气温 | 是 | 1965-01-01 | 仪器变更 |
|  |  |  | 最低气温 | 是 | 1965-01-01 | 仪器变更 |
|  |  |  |  |  | 1967-01-01 | 迁站 |
| 54528 | 北辰 | 一般站 | 最高气温 | 是 | 1965-07-09 | 仪器变更 |
|  |  |  | 平均气温 | 是 | 1989-07-01 | 迁站 |
|  |  |  | 最低气温 | 是 | 1991-02-06 | 未知 |

| 区站号 | 站名 | 站类 | 订正序列 | 是否订正 | 订正时间 | 订正原因 |
|---|---|---|---|---|---|---|
| 54530 | 汉沽 | 一般站 | 最高气温 | 是 | 1989-07-27 | 仪器变更 |
| | | | | | 1990-02-27 | 仪器变更 |
| | | | 平均气温 | 是 | 1985-07-27 | 仪器变更 |
| | | | 最低气温 | 是 | 1981-06-19 | 仪器变更 |
| | | | | | 1991-12-23 | 仪器变更 |
| 54619 | 静海 | 一般站 | 最高气温 | 是 | 1965-01-01 | 仪器变更 |
| | | | 平均气温 | 是 | 1965-01-01 | 仪器变更 |
| | | | 最低气温 | 是 | 2005-01-01 | 自动站 |
| | | | | | 1991-02-09 | 未知 |
| 54622 | 津南 | 一般站 | 最高气温 | 是 | 1979-12-22 | 迁站 |
| | | | 平均气温 | 是 | 1999-08-01 | 未知 |
| | | | | | 2008-01-01 | 迁站 |
| | | | 最低气温 | 是 | 2008-01-01 | 迁站 |
| 54623 | 塘沽 | 基本站 | 最高气温 | 是 | 1986-06-19 | 未知 |
| | | | 平均气温 | 否 | —— | —— |
| | | | 最低气温 | 是 | 1991-02-18 | 未知 |
| 54645 | 大港 | 一般站 | 最高气温 | 是 | 2003-07-01 | 迁站 |
| | | | 平均气温 | 是 | 2003-07-01 | 迁站 |
| | | | 最低气温 | 是 | 1999-01-01 | 仪器变更 |
| | | | | | 2003-07-01 | 迁站 |

　　结合台站元数据,从表 2.4 统计的断点信息还可以得到,因仪器变更导致的气温时间序列不连续主要体现在同类型仪器的更换,其出现的断点占因仪器变更造成断点总数的 71%,而仪器换型的影响相对较小,断点仅占 29%。其中,最为典型的为天津站(54527),其最高气温、平均气温、最低气温序列的断点年份均出现在 1965 年,同样,该时间点也是同型号仪器变更导致序列不连续的主要时间,其原因主要是天津地区在此期间进行了大规模的气温观测仪器变更,由德国(日本)生产的干湿球温度表和最高、最低温度表换为中国生产的同型号仪器。

　　另外,自动站业务化导致的气温序列突变分析结果(表 2.4),正如 2.3.1 节所述,2005 年正式运行的自动站对天津地区气温序列的均一性并没有造成大规模影响,仅导致了市台(54517)和静海(54619)两个受城市化影响相对明显的台站出现了气温序列不连续现象,由此诱发相应的观测仪器和观测时间的改变。对于检验出的未知原因导致的序列突变(表 2.4),其时间出现最多的是在 1991 年前后,占未知原因断点总数的 40%;其次为 1985 年前后,占30%,但是查阅台站元数据和档案信息均没有发现造成断点发生的直接原因,这里考虑可能是由于观测员的误判或同一时期观测仪器翘变等因素导致。

### 2.3.1.3　QM 订正量的概率密度分布统计

　　图 2.4 给出通过 QM 订正得到的天津逐日气温序列订正量的概率密度分布图。从图 2.4中可以看出,以正偏差订正的主要表现在逐日平均最高气温序列中,正订正量占 99.4%,逐日平均气温次之,正订正量占 67.5%,而逐日平均最低气温序列主要表现为负偏差订正,负订正

量占 67.9%。另外,图中正态分布拟合曲线显示,逐日平均最低气温序列受迁站、仪器变更等突变因素影响相对最高气温更为明显,曲线分布范围较广,而平均气温次之。12 个地面站总的订正量统计显示(表 2.5),最高气温序列的 QM 订正量均值相对最大,为 0.49 ℃,中值为 0.42 ℃,订正量范围为 -0.95~2.39 ℃,其中 90% 以上的订正量在 0.1~1.0 ℃;平均气温序列的 QM 订正量均值相对最小,为 0.18 ℃,90% 以上的订正量在 -0.7~0.7 ℃,但中值幅度与最低气温相同,均为 0.36 ℃,而最低气温的订正量 90% 以上集中在 -1.5~1.5 ℃范围中。

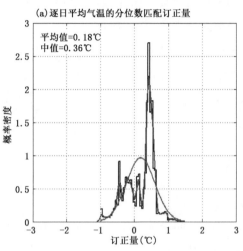

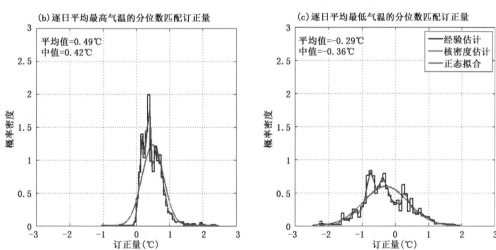

图 2.4　逐日平均温度序列订正量的概率密度分布
(a)平均气温,(b)最高气温,(c)最低气温

表 2.5　天津逐日平均温度序列 QM 订正量统计(单位:℃)

|  | 订正量均值 | 订正量中值 | 订正量范围 |
|---|---|---|---|
| 最高气温 | 0.49 | 0.42 | -0.95~2.39 |
| 平均气温 | 0.18 | 0.36 | -0.99~1.37 |
| 最低气温 | -0.29 | -0.36 | -2.27~1.77 |

### 2.3.2　降水量资料的均一性分析

　　图 2.5—图 2.8 给出了代表天津不同局地气候环境观测站的降水量序列的检验结果。通过公式(2.5)和(2.8)分别得到各观测站年降水量的比值序列和 $T'$ 值序列。从图中可以看出，各台站待检序列与参考序列的比值均在 1 附近波动，没有异常的峰(谷)值，并且结合表 2.2 比对判断降水量序列是否均一的统计量 $T'$ 值，亦没有发现显著的 $T'$ 极大值，同样，对于其他 9 个地面站的降水序列也有相同的检验结果。因此，通过 SNHT 法检验得到，天津地区 13 个地面站的逐日降水量序列没有显著突变现象，均一性较好。

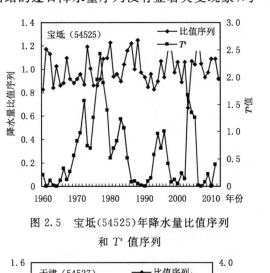

图 2.5　宝坻(54525)年降水量比值序列
和 $T'$ 值序列

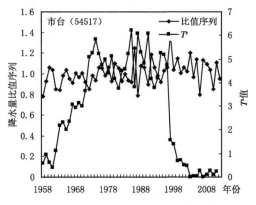

图 2.6　市台(54517)年降水量比值序列
和 $T'$ 值序列

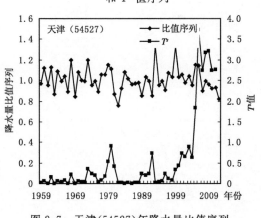

图 2.7　天津(54527)年降水量比值序列
和 $T'$ 值序列

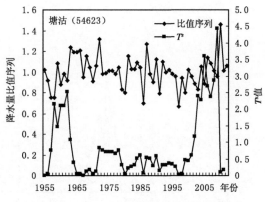

图 2.8　塘沽(54623)年降水量比值序列
和 $T'$ 值序列

## 2.4　订正后气温与降水资料可用性评估

　　本节拟通过与 Xu et al.(2013)的研究结果进行对比，来验证天津地区 1951 年以来气温序列均一性检验和订正结果的可靠性。Xu et al.(2013)研制的气温数据集是中国均一化历史气温数据集(1951—2004 年)(1.0 版)的升级版本。该数据集重点考虑了逐日气温序列的均一性检验和订正，研究方法与本章节一致，均利用目前国际上先进的 RHtest 均一性分析方法及软件。但参考序列的建立方法较为复杂，其按照 2.5°(纬度)×2.5°(经度)对全国进行格点划分，针对格点中台站的密集程度,通过不同方法对每个台站选取相对均一的单站序列作为参考序列(Xu et al. ,2013)。

### 2.4.1　逐日气温序列间断点检验和订正量的比较分析

表 2.6 给出本章和 Xu et al.(2013)检验出的相同台站各气温要素序列的断点位置和订正幅度。总的来看,仅有塘沽站(54623)逐日平均最高气温序列被检验出的断点位置相同,其他台站各气温序列均存在明显的不一致。Xu et al.(2013)得到迁站(1999-12-31)造成了塘沽站(54623)逐日平均、最低气温序列均出现断点,而本章对该站逐日平均气温序列并没有检验出显著间断点,最低气温序列的断点时间是没有元数据支持的,但从日、月、年最低气温序列中共同检验出显著断点。从断点订正量来看,两类研究订正的逐日平均最高和最低气温序列的方向一致,但本章的订正幅度相对较大。

表 2.6　检验出的断点位置和订正量比较

| | | 断点时间 | | 订正量均值/中值(℃) | |
| --- | --- | --- | --- | --- | --- |
| | 站名 | 本章 | Xu et al.(2013) | 本章 | Xu et al.(2013) |
| 最高气温 | 宝坻 | | 1962-03-31/1995-09-30 | | −0.25/−0.21 |
| | 天津 | 1965-01-01 | 1966-12-31 | 0.97/0.92 | −0.27/−0.24 |
| | 塘沽 | 1986-06-19 | 1986-06-19 | 0.70/0.73 | 0.46/0.54 |
| 平均气温 | 宝坻 | 1971-06-28 | 2004-12-31 | −0.42/−0.44 | −0.27/−0.28 |
| | 天津 | 1965-01-01 | 1991-12-31 | 0.61/0.63 | −0.69/−0.63 |
| | 塘沽 | | 1999-12-31 | | −0.04/−0.06 |
| 最低气温 | 宝坻 | 1985-06-04 | 2004-12-31 | −0.65/−0.68 | −0.14/−0.14 |
| | 天津 | 1965-01-01/1967-01-01 | 1991-12-24 | 0.86/0.90 | −1.30/−1.20 |
| | 塘沽 | 1991-02-18 | 1977-12-14/1999-12-31 | −0.78/−0.77 | −0.41/−0.40 |

对于宝坻站(54525)来说,本章没有对其逐日平均最高气温序列检验出断点,平均气温和最低气温序列检验出的断点均是没有元数据支持,但从日、月、年气温序列中共同检验出的显著断点。而 Xu et al.(2013)对其逐日平均最高气温、平均气温、最低气温序列均检验出显著断点,查阅历史沿革信息发现,分别是迁站(1962-03-31)和自动站业务化(2004-12-31)导致。同样,两类研究的订正方向一致,但本章的订正幅度相对较大。

对于天津站(54527)来说,本章在对天津(54527)和市台(54517)两个台站做均一性分析之前,首先按照地址统一对两站 1992 年 1 月 1 日之前的各气温要素序列进行了互换,这样避免了因站号互换、业务变更导致的非均一性影响。但对于 Xu et al.(2013)研制的数据来说,仅仅进行了站号统一,二者的处理方法不同可能会造成最终检验和订正结果的不同。事实证明也是如此,如表 2.6 所示,Xu et al.(2013)得到天津站(54527)逐日平均、最低气温序列均在 1991 年前后出现了断点,最高气温序列的突变则是由于迁站(1966-12-31)导致的。而本章得到迁站(1967-01-01)对该站逐日平均最低气温造成了不连续影响,同类型仪器更换(1965-01-01)均导致了逐日平均最高气温、平均气温、最低气温序列的突变。同样,本章的订正幅度也是相对较大,但两类研究对气温序列的订正方向相反。另外,通过相关性分析得到,对于订正后的 12 个气象站来说,仅有天津站(54527)各气温要素与 Xu et al.(2013)的相关性较低,年(季节)最高、平均、最低气温的相关系数仅为 0.8 左右。

从以上分析来看,尽管用到的基础观测数据与均一性检验和订正方法一致,但本章和 Xu et al. (2013)研制的数据结果存在些许出入。本章从局地气候一致性和台站的实际情况考虑,在天津地区范围内选取了相对均一的气象台站作为检验和订正其他 12 个站气温序列的参考站,而 Xu et al. (2013)是从全国范围内针对每个台站不同气温要素选取相对均一的单站作为参考站。由此,造成了 Xu et al. (2013)的检验结果中存在许多因迁站、自动站业务化等因素导致的序列突变,而本章则是比较多的未知原因导致的序列突变,甚至对于个别序列没有检验出断点。另外,对于天津(54527)和市台(54517)两个特殊台站,本章根据台站历史实际情况对其气温序列进行了预处理,避免了序列的不连续,或因此而掩盖的其他断点。因此,导致本章和 Xu et al. (2013)出现不同研究结果的原因,主要是由于前期基础资料的处理方法及参考序列建立方法的不同。

### 2.4.2 订正后的逐日气温序列的误差分析

误差分析中主要用到标准误差(standard error)和平均绝对误差(mean absolute error)两种统计量(Ma et al.,2008),对订正后的天津地区 1951—2012 年逐日平均气温、平均最高和平均最低气温序列以 Xu et al. (2013)研制的数据集为参照进行误差分析。

标准误差(SE)是统计推断可靠性的指标。标准误差越小,表明样本统计量与总体参数的值越接近,样本对总体越有代表性,用样本统计量推断总体参数的可靠度越大。其表示方法为:

$$SE = \left[ \frac{1}{n-1} \sum_{i=1}^{n} (\varphi'_i - \overline{\varphi'})^2 \right]^{1/2} \tag{2.10}$$

$$\varphi'_i = \varphi_i - \overline{\varphi_i} \tag{2.11}$$

$$\overline{\varphi'} = \frac{1}{n} \sum_{i=1}^{n} \varphi'_i \tag{2.12}$$

其中,$\varphi_i$ 为本章与 Xu et al. (2013)订正后气温数据的差值序列。

平均绝对误差(MAE)通常被用来表示模拟预估产品和实际观测值的误差平均值,其累积二者误差的绝对值以此获得"总误差",并且该指标能够最自然和最明确地表示平均误差幅度(Willmott et al.,2005)。其表示方法为:

$$MAE = \frac{1}{n} \sum_{i=1}^{n} |\varphi'_i| \tag{2.13}$$

从图 2.9 给出的误差概率密度分布图来看,逐日平均气温(除了冬季平均绝对误差)的误差相对最小,其次为逐日平均最高气温,而逐日平均最低气温误差相对较大。本章考虑到逐日平均最低气温自身的物理特点,即最低气温往往出现在日出之前,而这个时候大气边界层最为稳定,局地的微气象尺度特征最为明显。因此,仪器变更或迁站等可能导致最低气温序列出现明显的突变现象,所以本章对最低气温的订正幅度可能会相对较大。同时,如 2.4.1 节所述,由于参考站选取的差异造成了订正位置和订正量的不同,进而导致两类研究订正后的最低气温误差相对较大。但是从统计的误差值大小来看(表 2.7),年平均气温、最高气温、最低气温的标准误差值在[0,0.2℃]的台站数分别占 85.7%、64.3%、50.0%,表明两类研究得到的年尺度气温数据一致性较高,具有一定的可靠性。同样对应的平均绝对误差值分别占 92.9%、

85.7%、50.0%。对于季节气温误差统计值来说,夏季气温标准误差值在[0,0.2 ℃]的台站数相对较多,平均气温、最高气温、最低气温分别占 92.9%、78.6%、71.4%,其次为春季、秋季,冬季相对较差。而各季节气温平均绝对误差值在[0,0.2 ℃]的台站比例相对更多,除了春、秋、冬季平均最低气温均为 50.0%以外,其他各季节气温均达到 70.0%或以上,尤其是春、夏、秋季平均气温均为 92.9%。因而,误差分析结果可以看出,本章订正后的天津地区 1951—2012 年逐日气温序列与 Xu et al.(2013)的相符率和一致性是相对较高的,从而说明本章结果也是相对可靠的。因此,对于局部地区(特别是省级)气候资料的均一性分析,可以结合区域实际情况,从局地范围内选取相对可靠的单站作为参考序列来进行研究。

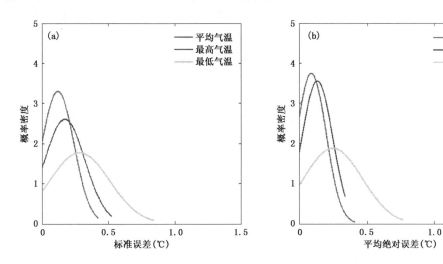

图 2.9　订正后的气温数据与 Xu et al.(2013)数据差值标准误差(SE)(a)和
平均绝对误差值(MAE)(b)的概率密度分布

表 2.7　数据误差频率统计(标准误差和平均绝对误差值分别在[0,0.2 ℃]的台站所占比例)

| | 标准误差在[0,0.2 ℃]的台站比例(%) | | | 绝对误差在[0,0.2 ℃]的台站比例(%) | | |
| --- | --- | --- | --- | --- | --- | --- |
| | 最高气温 | 平均气温 | 最低气温 | 最高气温 | 平均气温 | 最低气温 |
| 年 | 64.3 | 85.7 | 50.0 | 85.7 | 92.9 | 50.0 |
| 春季 | 64.3 | 85.7 | 50.0 | 78.6 | 92.9 | 50.0 |
| 夏季 | 78.6 | 92.9 | 71.4 | 85.7 | 92.9 | 71.4 |
| 秋季 | 57.1 | 85.7 | 50.0 | 78.6 | 92.9 | 50.0 |
| 冬季 | 71.4 | 78.6 | 35.7 | 78.6 | 85.7 | 50.0 |

　　本章采用国家气象信息中心"基础气象资料建设专项"研制的中国地面历史基础气象资料及台站元数据,通过 RHtestsV4 方法对天津地区近 60 年的气温资料进行了均一性分析,得到以下结论。

　　(1)采用相对均一的单站序列,通过 PMT 法对 12 个地面站逐日平均气温、最高气温和最低气温序列检验得到,最低气温序列的非均一性最为明显,其次为最高气温,二者存在 2 个断点的台站分别占总台站的 50%和 25%,而平均气温序列基本存在 1 个间断点,占台站总数的

75%。造成序列突变原因分析显示,迁站是导致平均气温和最低气温序列突变的主要原因,其中 2000 年以后大规模的城市城区开发建设是主导因素,同类型的仪器变更则是导致最高气温序列突变的主要原因,但 2005 年以后的自动站业务化并没有对天津地区气温序列的均一性造成很大影响。

(2)通过 SNHT 法检验得到,天津地区 13 个地面站逐日降水量序列的均一性较好,没有显著的突变现象。

(3)通过 QM 法对气温序列检验得到的断点进行订正,得到逐日平均气温和最高气温序列主要以正偏差订正为主,而最低气温则主要以负偏差订正为主。从订正幅度来看,最高气温序列订正量均值最大,90%以上集中在 0.1~1.0 ℃,平均气温序列的 QM 订正量均值相对最小,90%以上的订正量在 -0.7~0.7 ℃,而最低气温的订正量 90%以上集中在 -1.5~1.5 ℃。另外,从 QM 订正量的正态分布拟合曲线来看,逐日平均最低气温序列受突变因素影响(迁站、仪器变更、自动站业务化等)较最高气温明显,曲线分布范围较广,平均气温次之。

(4)对本章和 Xu et al.(2013)检验出的相同台站各气温要素序列的断点位置和订正幅度进行了比较分析,得到尽管两类研究所用的数据源和均一性检验及订正方法一致,但前期基础资料的处理方法和参考序列的建立方法不同造成了订正结果的不同。本章对于相同的台站检验得到的多为未知原因的断点,甚至对于个别序列没有检验出断点。对于历史遗留的问题台站,本章根据台站历史实际情况对其气温序列进行了预处理,避免了序列的不连续,或因此而掩盖的其他断点。

(5)以 Xu et al.(2013)研制的数据集为参照,对本章订正后的气温序列进行误差分析得到,年平均气温、最高、最低气温的标准误差值在[0,0.2 ℃]的台站数分别占 85.7%、64.3%、50.0%,对应的平均绝对误差值分别占 92.9%、85.7%、50.0%,表明两类研究得到的年尺度气温数据一致性较高,具有一定的可靠性。同样各季节气温误差统计值也均显示出本章订正后的天津地区 1951 年以来的逐日气温序列与 Xu et al.(2013)具有较高的相符率和一致性。

在气候序列的断点检验和订正过程中,存在客观和主观两个方面的判断因素,其中客观因素主要是利用合理的统计方法,从数理统计角度对气温时间序列的连续性做出判断,并进行断点的订正;主观因素重点在于人为处理数据的工作经验以及是否具有完整详尽的台站历史沿革信息,这在断点位置的进一步判断以及是否对其进行订正有着决定性作用。本章和 Xu et al.(2013)均严格遵从以上两点进行研究工作,但是在此过程中终究是存在主观因素的影响,如经验的不同,历史沿革信息记载的不够全面等,即使严格按照统一方法做数据处理,也会存在结果的差异。因此,这也是目前国内在气候资料均一性分析中没有一个统一的标准来做该项工作的重要原因(可能也无法做出统一),对于订正后的数据只能说是"相对均一",而不是"绝对均一"。

# 第 3 章　天津地区气压资料的均一化处理

气压是描述天气气候系统变化的重要因子,也是造成大气环流异常变化导致极端气候事件发生的主要气象要素之一(Alexander et al., 2010;王劲松 等,2008;柳艳香 等,2005;沙文钰 等,1994)。所以,相对可靠的长时间气压资料是气候变化和灾害性天气分析的基础支撑。

## 3.1　天津地区气压资料选取

### 3.1.1　基础观测资料和元数据

本章使用的基础观测资料为天津地区 13 个地面站(图 3.1)逐小时本站气压和海平面气压资料,由天津市气象信息中心提供,时间段为 1951—2017 年。其中 1951—2004 年为 4 次定时,2005—2017 年为 24 次定时,根据《地面气象观测规范》(2003)4 次定时的相关技术规定进行日值和月值统计。元数据为国家气象信息中心研制的"中国地面气象站元数据数据集(V1.0)"以及由天津市气象局档案馆提供的各站历史档案信息,作为两类气压要素时间序列

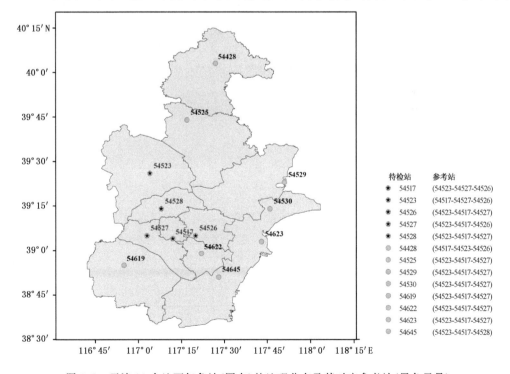

图 3.1　天津 13 个地面气象站(圆点)的地理分布及其对应参考站(黑色星号)

均一性检验和订正的判断依据,后者作为元数据的补充,能够更为准确的描述各台站历史沿革情况,为断点合理性的进一步确定提供可靠的科学依据。

### 3.1.2　对比数据产品

产品可用性评估过程中用到两类数据产品,一是中国气象局发布的《中国国家级地面气象站均一化气压月值数据集(V1.0)》;二是再分析产品,分别是美国国家海洋大气局/环境科学研究合作协会气候诊断中心研制的 NCEP/DOE AMIP-II Reanalysis 资料(https://www.esrl.noaa.gov/psd/data)和欧洲中期天气预报中心最新研发的 ERA-Interim 再分析资料(http://apps.ecmwf.int/datasets/data)。

中国气象局官方发布的均一化气压月值数据产品(以下简称"CMA")是基于静力学模式及惩罚最大 F 检验(PMF)方法结合台站元数据订正得到,均一化效果显著,能够很好地展现我国气压长期趋势变化的时空分布特点(远芳 等,2015),时间段为 1951 年 1 月—2016 年 4 月。研究中选取天津 13 个地面站 1951—2016 年逐月本站气压资料进行比较分析。

美国的再分析产品为地面逐日本站气压和海平面气压数据(以下简称 R-2),时间段为 1979 年 1 月 1 日—2017 年 12 月 31 日。本站气压空间格点为 192×94(全球 T62 高斯网格),海平面气压空间格点为 144×73(2.5°×2.5°)。研究中利用双线性插值法分别将 R-2 两类气压网格数据插值到天津 13 个地面站站点水平进行分析。R-2 产品应用的详细介绍参见文献 Kanamitsu et al.(2002)和 Si et al.(2012)。

欧洲的再分析资料为地面逐日本站气压和海平面气压数据(以下简称 ERA-Interim),时间段为 1979 年 1 月 1 日—2017 年 12 月 31 日,空间分辨率为 0.25°×0.25°。研究中利用双线性插值法分别将 ERA-Interim 两类气压网格数据插值到站点水平进行分析。ERA-Interim 产品是在 ERA-40 基础上采用四维变分同化技术,结合改进的湿度分析及卫星数据误差校正等先进技术,实现了再分析资料质量的提升(Dee et al.,2011;Uppala et al.,2008),该产品已经在我国气温和水汽收支变化的适用性分析中得到较好的应用(高路 等,2014;许建玉 等,2013)。

## 3.2　气压资料均一性检验与订正

### 3.2.1　基础资料的初步质量控制

天津 13 个地面站均为国家级气象观测站,其数据均经过严格的人机交互审核,基本消除了错误误差的干扰。所以,本节着重对基础资料逐时序列中存在的随机误差进行检验,采用的方法参照 Wan et al.(2007)研究中用到的静力学模式,公式如下所示。

$$Z_m = \ln \frac{P_o}{P_z} \times (T_0 + \overline{T_{\text{dry}}}) / \left( \frac{g}{R} - \frac{a}{2} \ln \frac{P_o}{P_z} \right) \tag{3.1}$$

式(3.1)中,$Z_m$ 为估算出的台站海拔高度,$P_z$ 和 $P_o$ 分别为本站气压和海平面气压,$T_0 = 273.15$ K,$\overline{T_{\text{dry}}}$ 为当前时间和 12 h 之前干球温度的平均,$g$ 为重力加速度,$R$ 为干空气气体常数,$a$ 为气温垂直递减率。

$$R_z = Z_m - Z \tag{3.2}$$

$$\mu - \gamma\sigma \leqslant R_z \leqslant \mu + \gamma\sigma \tag{3.3}$$

式(3.2)和(3.3)中,$Z$ 为当前台站海拔高度,$\mu$ 和 $\sigma$ 分别为 $R_z$ 序列的平均值和标准差,$\gamma$ 为动态参数,参照 Wan et al.(2007)的做法,根据每个台站逐时气压序列中允许出现的随机误差量不超过数据总量的 0.2‰来定义值,最终值的范围为 3～6(表 3.1)。

如果公式(3.3)中 $R_z$ 值超出阈值范围,则依照气象行业标准《地面气象观测资料质量控制》(2010)规定的气候学界限值,查看对应 $P_z$ 和 $P_0$ 逐时数据是否正确,$P_z$ 和 $P_0$ 规定的阈值范围分别为 300～1100 hPa、870～1100 hPa。如表 3.1 所示,经检验有 9 个站被检测出明显的疑误数据,但查看对应的 $P_z$ 和 $P_0$ 数据并未超出气候学界限值范围,所以忽略这些疑误信息,认为基础数据是正确的。

**表 3.1　天津 13 个地面站 $\gamma$ 值定义**

| 站名 | 站号 | $\gamma$ 值 | 疑误数据量(个) |
| --- | --- | --- | --- |
| 蓟州 | 54428 | 4 | 20 |
| 市台 | 54517 | 5 | 61 |
| 武清 | 54523 | 3 | 0 |
| 宝坻 | 54525 | 4 | 1 |
| 东丽 | 54526 | 3 | 0 |
| 天津 | 54527 | 4 | 9 |
| 北辰 | 54528 | 6 | 76 |
| 宁河 | 54529 | 4 | 9 |
| 汉沽 | 54530 | 6 | 55 |
| 静海 | 54619 | 4 | 22 |
| 津南 | 54622 | 4 | 0 |
| 塘沽 | 54623 | 3 | 14 |
| 大港 | 54645 | 3 | 0 |

### 3.2.2　参考序列的建立

参考序列的建立可以是邻近测站相同气象要素之间,亦或是相关的不同气象要素之间,本节采用后者,利用气温和气压要素的相关性对参考站进行选取。对初步质控后的 13 个地面站(待检站),基于 4 次定时统计得到的两类日值气压数据进行参考序列的建立。首先,选取距离每一个待检站周边 3～5 个与之气压序列长度相当并且完整性较好的台站作为候选站;其次,计算每个候选站平均气温要素分别与对应待检站的本站气压和海平面气压要素的相关系数;最后,选取其中同时与两类气压要素相关性最大的 3 个候选站作为参考站,通过加权平均建立参考序列。13 个地面站对应的参考站如图 3.1 中所示,针对两类气压要素分别建立参考序列,建立公式如下。

$$\overline{y_i} = \frac{\sum_{j=1}^{3} \rho_j^2 \times y_{ji}}{\sum_{j=1}^{3} \rho_j^2} \tag{3.4}$$

式(3.4)中，$i$ 表示第 $i$ 时刻，$j$ 表示第 $j$ 个参考站，$y$ 为参考站某一时刻的本站气压或海平面气压值，$\rho$ 为参考站平均气温要素与待检站本站气压或海平面气压要素的相关系数，$\overline{y_i}$ 为参考序列的本站气压或海平面气压值。需要说明的是，为保证研究结果的客观准确，本节采用的气温资料均为经过均一性订正的时间序列（司鹏 等，2015b）。

### 3.2.3　均一性检验和订正

采用 RHtestsV5 软件包对天津 13 个地面站本站气压($P_z$)和海平面气压($P_o$)要素进行均一性检验和订正。检验方法分别为惩罚最大 t 检验(penalized maximal t test)(PMT)(Wang et al.,2007)及惩罚最大 F 检验(penalized maximal F test)(PMF)(Wang,2008a)；断点的订正方法为分位数匹配(Quantile-Matching adjustments, QM)(Wang et al., 2010)。RHtestsV5 相比 RHtest 系列的其他版本更适合时间尺度较小的要素序列均一化分析，其检验和订正原理均与 RHtest 系列软件包一致(Wang,2008b)。

为得到相对可靠的订正结果，研究中分别利用 PMT 和 PMF 对两类气压要素的日值和月值资料进行均一性检验。通过比较各站元数据和历史档案信息，对检验出的断点进行确定，最终保留日值和月值序列同时被确定的断点进行订正。利用分位数匹配(QM)基于参考序列法对存在显著断点的 2 类气压要素日值序列进行订正。置信度水平为 $\alpha=0.99$。

## 3.3　气压资料均一化分析

### 3.3.1　检验出的断点及其原因

如表 3.2 所示，通过检验得到天津地区的气压资料均一性相对较好，这可能主要与天津地处平原的地理位置有关。13 个地面站中，本站气压和海平面气压序列存在显著断点的台站分

**表 3.2　天津 13 个地面站两类气压要素日平均序列非均一性检验信息**

| 站名 | 站号 | 断点时间 | | 检验统计量值 | | 99%置信区间 | | 突变幅度 (hPa) | | 断点 原因 |
|---|---|---|---|---|---|---|---|---|---|---|
| | | $P_z$ | $P_o$ | $P_z$ | $P_o$ | $P_z$ | $P_o$ | $P_z$ | $P_o$ | |
| 蓟州 | 54428 | 19620601 | 19620601 | 101.3 | 88.3 | 17.2~17.4 | 16.9~17.1 | 3.6 | 3.0 | 迁站 |
| 市台 | 54517 | — | — | — | — | — | — | — | — | — |
| 武清 | 54523 | — | — | — | — | — | — | — | — | — |
| 宝坻 | 54525 | 19620401 | 19620401 | 283.6 | 276.9 | 16.7~16.9 | 16.3~16.6 | 8.2 | 7.8 | 迁站 |
| 东丽 | 54526 | — | — | — | — | — | — | — | — | — |
| 天津 | 54527 | 19670101 | — | 52.4 | — | 14.4~14.7 | — | 0.4 | — | 迁站 |
| 北辰 | 54528 | — | — | — | — | — | — | — | — | — |
| 宁河 | 54529 | — | — | — | — | — | — | — | — | — |
| 汉沽 | 54530 | 19791214 | — | 132.7 | — | 12.5~12.9 | — | 1.9 | — | 迁站 |
| 静海 | 54619 | — | — | — | — | — | — | — | — | — |
| 津南 | 54622 | — | — | — | — | — | — | — | — | — |
| 塘沽 | 54623 | — | — | — | — | — | — | — | — | — |
| 大港 | 54645 | 19980101 | 19980101 | 111.1 | 115.3 | 9.3~9.6 | 9.2~9.5 | 1.3 | 1.4 | 仪器 |
| | | 20030701 | 20030701 | 128.1 | 125.1 | 9.5~9.8 | 9.4~9.7 | 1.4 | 1.4 | 迁站 |

别有 5 个和 3 个。查阅台站元数据和历史档案信息分析得到,造成的主要原因是台站迁移。这与远芳等(2015)对我国基准基本站气压资料的非均一性原因分析结果一致。同样,也与Wan et al.(2007)的研究结果一致。另外,仪器变更也给大港站(54645)的两类气压要素造成了非均一性影响,1998 年 1 月 1 日的断点主要与仪器生产厂家更换有关。而 2004 年的自动站业务化并没有对两类气压要素的均一性造成显著影响,可能主要与该要素自身的气候特性有关(Liu et al.,2003)。

　　图 3.2 给出蓟州站、宝坻站和大港站两类气压要素的原始序列与参考序列的差值序列。根据表 3.2 显示,这 3 个站的本站气压和海平面气压序列均存在显著断点。其中,蓟州站(54428)和宝坻站(54525)两类气压要素分别在 1962 年 6 月 1 日和 1962 年 4 月 1 日均存在 1个断点,与图 3.2a、3.2d 和图 3.2b、3.2e 所示的差值序列变化一致。并且查阅元数据和历史档案信息,在这两个时间节点蓟州站和宝坻站的海拔高度均因迁站导致了相对升高,同样与图3.2a、3.2d 和图 3.2b、3.2e 给出的两类气压要素差值序列突然降低的特点相符。对于大港站(54645),根据表 3.2 给出的检验结果,该站本站气压和海平面气压在 1998 年 1 月 1 日和 2003

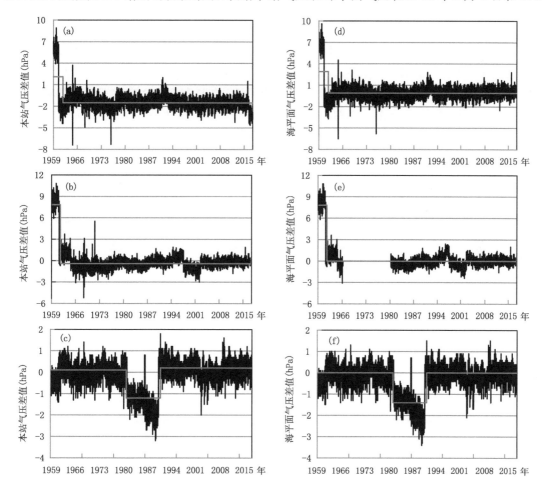

图 3.2　天津地区 2 类气压要素日平均序列与参考序列的差值序列

(a、d)蓟州站,(b、e)宝坻站,(c、f)大港站年7月1日均出现了显著断点,与图3.2c、图3.2f所示的差值序列变化一致。查阅元数据得到,这两个断点分别由仪器变更(仪器生产厂家更换)和迁站造成的,其中,2003年的迁站使得该站迁至海拔相对较低的集镇地区,反映出的序列突变影响同样与图3.2c、图3.2f所示的差值序列升高变化特点一致。

对于天津站(54527)和汉沽站(54530)来说也是如此(图略),迁站使得这两个站分别在1967年1月1日和1979年12月14日由高海拔迁移到了低海拔地区,导致了本站气压差值序列产生明显升高的突变,但并未对海平面气压的均一性造成显著影响,这与表3.2给出的检验结果一致。

另外,从造成的突变幅度来看,由表3.2得到,宝坻站(54525)是受迁站影响最为显著的,本站气压和海平面气压序列断点前后的均值差异分别达到了8.2 hPa和7.8 hPa,这一点从图3.2中也能够明显地反映出来。综合上述分析可以说明,通过惩罚最大t检验(PMT)得到迁站导致的天津地区气压要素非均一性影响是毋庸置疑的。

### 3.3.2　QM订正量的概率密度分布统计

如图3.3所示,本站气压(图3.3a)和海平面气压(图3.3b)的订正量比例均呈双峰分布,并且均以正偏差订正为主,订正的中值分别为0.58 hPa、0.19 hPa。经统计本站气压(图3.3a)正、负订正量分别约占85.9%、14.1%,总的订正范围为−8.90～2.08 hPa,其中订正量概率密度达到0.2以上的集中分布在0.02～1.80 hPa,约占总订正量的83.2%。对应的海平面气压(图3.3b)正、负订正量分别约占73.1%、26.9%,总的订正范围为−8.26～1.64 hPa,订正量概率密度达到0.2以上的集中分布在−0.02～1.64 hPa,约占总订正量的74.2%。

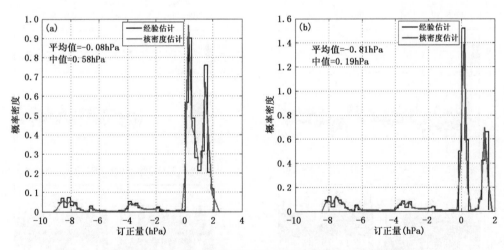

图3.3　天津地区本站气压(a)和海平面气压(b)日值序列订正量的概率密度分布

但是两类气压要素偏差订正的均值均为负值,分别为−0.08 hPa和−0.81 hPa,这主要与各个站的订正幅度有关。如本站气压(图3.3a),尽管正偏差订正的比例相对较多,但是其幅度远不及负偏差大,特别是宝坻站(54525)订正幅度集中在−8.90～−7.28 hPa,而蓟州站有80%多的时间点的订正幅度集中在−2.00～−6.57 hPa(图3.4a)。所以,综合来看,本站气压的平均订正幅度是呈负值的。同样,海平面气压也是如此(图3.3b)。

另外,从图 3.4 能够清楚地看到,5 个站的本站气压(图 3.4a)和 3 个站(图 3.4b)的海平面气压有很明显的订正方向。如图 3.4a 所示天津站(54527)、汉沽站(54530)和大港站(54645)的本站气压均为正偏差订正,蓟州站(54428)以负订正量为主,宝坻站(54525)均为负偏差订正。同样,蓟州站(54428)、大港站(54645)和宝坻站(54525)海平面气压(图 3.4b)的订正方向均与对应的本站气压一致。这与 3.3.1 节中分析得到的因迁站造成台站海拔高度的相对升高或降低导致气压序列的突然降低或升高的影响结果相呼应,因此,一定程度上说明了本章订正结果的合理性。

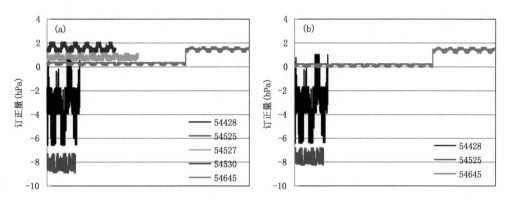

图 3.4 各站本站气压(a)和海平面气压(b)分位数匹配订正量

## 3.4 订正后气压资料可用性评估

### 3.4.1 订正前后的方差和趋势比较

图 3.5 给出本站气压和海平面气压均一性订正前后的年序列方差变化。如图 3.5 所示,除蓟州站(54428)订正前后方差变化不明显以外,其他被订正的站两类气压要素订正后的方差均小于订正前的,最为突出的是宝坻站(54525),这主要与表 3.2 中反映出的该站气压序列突变幅度最为显著有关,其本站气压(图 3.5a)和海平面气压(图 3.5b)订正后的年序列方差均比订正前的减少约 2.3 hPa。另外,从空间分布上来看(图略),两类气压要素订正后的年序列方差变化更具一致性,地处天津北部的台站方差较大,而南部地区则相对较小,说明均一性订正

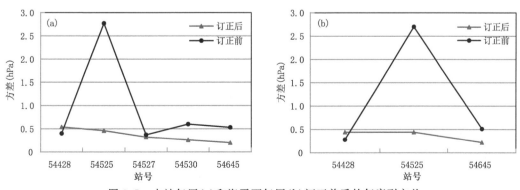

图 3.5 本站气压(a)和海平面气压(b)订正前后的年序列方差

大大减缓了气压序列中因迁站等因素造成的数据异常离散现象,使其偏离均值的平均变化幅度相对合理。这种特点也体现在各站季节序列的变化中(图略)。天津受东亚季风影响,秋季是一年四季中不会因气候因素影响而导致气压异常变化的季节,所以,大气环流相对稳定的秋季更能够客观地突显迁站等非气候因素对气压序列的影响。通过统计,与年序列变化一致,宝坻站(54525)两类气压要素秋季序列的方差差异亦是最为明显的,其减少幅度均约为 2.8 hPa。由此能够反映出均一性订正的显著效果。

从订正前后的趋势变化来看,如图 3.6 所示,蓟州站(54428)和宝坻站(54525)订正后的本站气压(图 3.6a)和海平面气压(图 3.6b)年序列异常减少趋势明显被消除,而大港站(54645)趋势减少幅度的异常偏小被明显改善。其中,与方差变化一致(图 3.5),宝坻站(54525)的趋势差异亦是最为明显,两类气压要素订正前后的变化幅度分别为 +0.316 hPa/10a、+0.294 hPa/10a(均通过置信度 95% 显著性检验)。同样,天津站(54527)和汉沽站(54530)订正后的本站气压(图 3.6a)年序列趋势减少幅度明显增大。这种特点也体现在各站季节序列的变化中(图略)。因此,一定程度上说明了均一性订正大大削减了迁站等非气候因素对气压序列造成的突变影响。

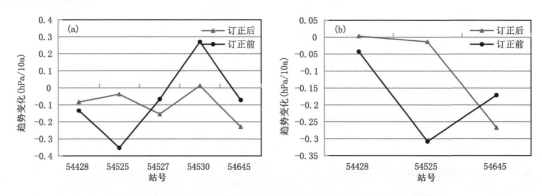

图 3.6　本站气压(a)和海平面气压(b)订正前后的年序列趋势变化

### 3.4.2　与同类产品的对比分析

通过比较本章和 CMA 气压数据分别与 R-2、ERA-Interim 两类再分析产品的相关性和误差来进一步评估本章订正后气压资料的可用性。用到的误差统计量为标准误差(standard error,SE)和平均绝对误差(mean absolute error,MAE),二者均是统计推断可靠性的指标,具体方法参见文献司鹏(2015b)。

#### 3.4.2.1　本站气压要素

如图 3.7 和图 3.8 所示,本章和 CMA 订正后的本站气压数据与 ERA-Interim(图 3.8)的相关性均高于 R-2(图 3.7),主要由于 ERA-Interim 产品空间分辨率较 R-2 更细,所以插值效果相对更好。但对比来看,本章的气压数据与两类再分析产品均呈显著正相关(95% 置信度检验),并且整体的平均相关程度要优于 CMA,如大港站(54645),本章和 CMA 与 ERA-Interim 的相关系数分别为 0.874 和 0.590(图 3.8)。这些特点同样也体现在月值数据中,如表 3.3 所示,与 ERA-Interim 相关性对比中能够很明显看出,本章得到的本站气压与其相关程度均高于 CMA,相关系数达到 0.95 以上的台站比例明显多于 CMA,特别是插值效果较好的冬季和春季月份均达到了 100％。

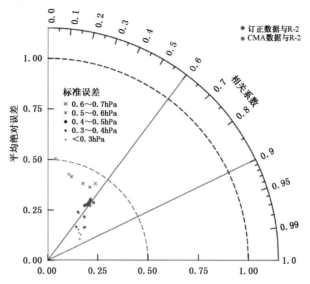

图 3.7　本章和 CMA 与 R-2 本站气压年值相关系数和误差的泰勒图分布

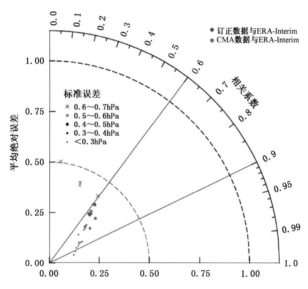

图 3.8　本章和 CMA 与 ERA-Interim 本站气压年值相关系数和误差的泰勒图分布

**表 3.3　本章和 CMA 分别与 R-2 及 ERA-Interim 本站气压月值相关性达到 0.95 以上的台站比例(％)**

|  |  | 1 月 | 2 月 | 3 月 | 4 月 | 5 月 | 6 月 | 7 月 | 8 月 | 9 月 | 10 月 | 11 月 | 12 月 |
|---|---|---|---|---|---|---|---|---|---|---|---|---|---|
| R-2 | 本章 | 69.2 | 92.3 | 92.3 | 46.2 | 30.8 | 46.2 | 7.7 | 7.7 | 23.1 | 38.5 | 76.9 | 69.2 |
|  | CMA | 69.2 | 84.6 | 92.3 | 38.5 | 30.8 | 30.8 | 7.7 | 7.7 | 7.7 | 38.5 | 69.2 | 69.2 |
| ERA-Interim | 本章 | 100 | 100 | 100 | 100 | 100 | 92.3 | 46.2 | 61.5 | 53.8 | 61.5 | 100 | 100 |
|  | CMA | 84.6 | 100 | 100 | 84.6 | 92.3 | 84.6 | 38.5 | 53.8 | 46.2 | 61.5 | 92.3 | 92.3 |

注：表中的相关性统计均通过置信度 95％ 显著性检验。

从误差统计来看，与相关系数分析特点一致，本章和 CMA 与 ERA-Interim（图 3.8）本站气压年值的标准误差及平均绝对误差统计值均小于 R-2（图 3.7），但通过对比来看，本章与两类再分析产品的平均误差幅度相对较小。与 ERA-Interim 误差分析中，标准误差概率密度达到 2.0 以上的本章和 CMA 本站气压分别集中在 0.22～0.48 hPa、0.28～0.51 hPa，对应的平均绝对误差分别为 0.13～0.36 hPa、0.17～0.41 hPa。同样，如大港站（54645），本章和 CMA 与 ERA-Interim 的 SE 和 MAE 分别为 0.222 hPa、0.610 hPa 和 0.154 hPa、0.412 hPa（图 3.8）。这些特点也同样表现在月值误差统计中。表 3.4 和表 3.5 分别给出本章和 CMA 与两类再分析产品误差在 0～0.5 hPa 的台站比例。本章（表 3.4）与 ERA-Interim 的平均绝对误差比例均为 100%，标准误差均在 61.5% 以上，而对应 CMA（表 3.5）则基本在 92.3% 以上和 53.8% 以上，表明本章订正后的本站气压数据误差相对较小。

**表 3.4　本章分别与 R-2 和 ERA-Interim 本站气压月值误差在 0～0.5 hPa 的台站比例（%）**

| | | 1月 | 2月 | 3月 | 4月 | 5月 | 6月 | 7月 | 8月 | 9月 | 10月 | 11月 | 12月 |
|---|---|---|---|---|---|---|---|---|---|---|---|---|---|
| R-2 | SE | 30.7 | 0 | 7.7 | 0 | 15.4 | 46.2 | 69.2 | 76.9 | 69.2 | 53.8 | 7.7 | 7.7 |
| | MAE | 61.5 | 38.5 | 46.2 | 30.8 | 76.9 | 100 | 100 | 100 | 100 | 92.3 | 61.5 | 46.2 |
| ERA-interim | SE | 61.5 | 61.5 | 69.2 | 76.9 | 84.6 | 92.3 | 84.6 | 84.6 | 84.6 | 69.2 | 61.5 | 61.5 |
| | MAE | 100 | 100 | 100 | 100 | 100 | 100 | 100 | 100 | 100 | 100 | 100 | 100 |

**表 3.5　CMA 分别与 R-2 和 ERA-Interim 本站气压月值误差在 0～0.5 hPa 的台站比例（%）**

| | | 1月 | 2月 | 3月 | 4月 | 5月 | 6月 | 7月 | 8月 | 9月 | 10月 | 11月 | 12月 |
|---|---|---|---|---|---|---|---|---|---|---|---|---|---|
| R-2 | SE | 15.4 | 0 | 7.7 | 7.7 | 15.4 | 38.5 | 46.2 | 61.5 | 69.2 | 53.8 | 0 | 7.7 |
| | MAE | 53.8 | 30.8 | 30.8 | 38.5 | 69.2 | 92.3 | 92.3 | 100 | 92.3 | 92.3 | 46.2 | 38.5 |
| ERA-interim | SE | 53.8 | 53.8 | 61.5 | 69.2 | 84.6 | 84.6 | 76.9 | 76.9 | 76.9 | 69.2 | 53.8 | 53.8 |
| | MAE | 84.6 | 92.3 | 92.3 | 92.3 | 92.3 | 100 | 92.3 | 100 | 92.3 | 92.3 | 92.3 | 92.3 |

### 3.4.2.2　海平面气压要素

对本章订正后的海平面气压数据的评估中也得到了较好的效果。如图 3.9 所示，与本站气压一致（图 3.8），海平面气压与 ERA-Interim 的相关性基本高于 R-2，同样是由于格点精度导致，但是总的来看，海平面气压与两类再分析产品的相关程度明显大于相同时间尺度的本站气压（图 3.7 和图 3.8）。表 3.6 给出的逐月相关统计也能够显示出本章海平面气压数据的订正效果较好，与两类再分析产品的相关程度达 0.95 以上的台站比例基本高于本站气压（表 3.3），特别是与 ERA-Interim 的相关中，插值效果较差的 7 月和 9 月也达到了 76.9%。同样，对海平面气压数据的误差对比分析中也得到了较好的效果。如图 3.9 所示，与两类再分析产品海平面气压年值的平均绝对误差均小于标准误差，说明本章得到的海平面气压数据误差平均值较小，具有一定的可靠性。并且从误差幅度来看，图 3.9 给出的误差分布集中区域的统计值均要小于对应的本站气压（图 3.7 和图 3.8）。另外，表 3.7 中得到，海平面气压与 ERA-Interim 月值的平均绝对误差在 0～0.5 hPa 的台站比例均为 100%，而标准误差基本在 92.3% 以上，明显优于相同时间尺度的本站气压（表 3.4）。

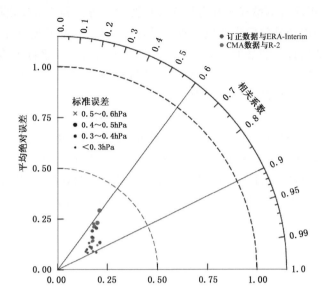

图 3.9 本章分别与 R-2 和 ERA-Interim 海平面气压年值相关系数和误差的泰勒图分布

表 3.6 本章分别与 R-2 和 ERA-Interim 海平面气压月值相关性达到 0.95 以上的台站比例(%)

|  | 1月 | 2月 | 3月 | 4月 | 5月 | 6月 | 7月 | 8月 | 9月 | 10月 | 11月 | 12月 |
|---|---|---|---|---|---|---|---|---|---|---|---|---|
| R-2 | 100 | 100 | 100 | 92.3 | 100 | 92.3 | 7.7 | 61.5 | 30.7 | 38.5 | 84.6 | 92.3 |
| ERA-Interim | 100 | 100 | 100 | 100 | 100 | 100 | 76.9 | 92.3 | 76.9 | 92.3 | 100 | 100 |

注:表中的相关性统计均通过置信度95%显著性检验

表 3.7 本章分别与 R-2 和 ERA-interim 海平面气压月值误差在 0~0.5 hPa 的台站比例(%)

|  |  | 1月 | 2月 | 3月 | 4月 | 5月 | 6月 | 7月 | 8月 | 9月 | 10月 | 11月 | 12月 |
|---|---|---|---|---|---|---|---|---|---|---|---|---|---|
| R-2 | SE | 30.8 | 0 | 7.7 | 84.6 | 100 | 92.3 | 100 | 100 | 92.3 | 69.2 | 38.5 | 23.1 |
|  | MAE | 92.3 | 69.2 | 84.6 | 100 | 100 | 100 | 100 | 100 | 100 | 100 | 84.6 | 76.9 |
| ERA-Interim | SE | 92.3 | 92.3 | 100 | 92.3 | 100 | 100 | 100 | 100 | 100 | 100 | 92.3 | 84.6 |
|  | MAE | 100 | 100 | 100 | 100 | 100 | 100 | 100 | 100 | 100 | 100 | 100 | 100 |

本章对天津 13 个地面站 1951—2017 年本站气压和海平面气压资料进行了均一性检验和订正,得到以下结论:

(1)通过检验得到天津地区的气压资料均一性相对较好,本站气压和海平面气压序列存在显著断点的台站分别有 5 个和 3 个。结合元数据分析显示,台站迁移是造成非均一的主要原因。而 2004 年的自动站业务化并没有对两类气压资料的均一性造成显著影响,这主要与气压资料本身的气候特性有关(Liu et al.,2003)。

(2)从断点的 QM 订正来看,本站气压和海平面气压订正比例均呈双峰分布,并且均以正偏差订正为主,订正的中值分别为 0.58 hPa 和 0.19 hPa,订正量概率密度达到 0.2 以上的分别集中在 0.02~1.80 hPa 和 −0.02~1.64 hPa。但是两类气压要素偏差订正的均值均为负值,分别为 −0.08 hPa 和 −0.81 hPa,这主要与各个站的订正幅度有关。

(3)通过比较订正前后本站气压和海平面气压要素的方差和趋势变化得到,均一性订正大大减缓了气压序列中因迁站等因素造成的数据异常离散现象,并且使其序列长期趋势变化更加合理,其中,订正效果最为明显的宝坻站(54525),其两类气压要素订正前后的趋势变化幅度分别为+0.316 hPa/10a 和+0.294 hPa/10a(均通过置信度 95%显著性检验),明显削弱了迁站对该站两类气压序列造成的突然降低影响。

(4)在与同类产品的对比评估中,通过比较本章和 CMA 本站气压数据分别与 R-2、ERA-Interim 两类再分析产品的相关性和误差得到,本章得到的均一化数据优于 CMA,其相关系数达到 0.95 以上的台站比例明显多于 CMA,并且与两类再分析产品的平均误差幅度相对较小。

另外,对本章订正的海平面气压数据评估也得到了较好的效果,其相对两类再分析产品无论是相关程度还是误差大小均明显优于相同时间尺度的本站气压。

# 第 4 章　天津地区相对湿度资料的均一化处理

相对湿度在气候变化检测、灾害性天气监测、大气环境预测等科研业务中起着重要作用，特别是在雾和霾现象的判别研究中更是具有不可替代的重要地位(许爱华 等，2016；陶丽 等，2016；司鹏 等，2015c；马楠 等，2015；赵玉广 等，2015；于庚康 等，2015；杜传耀 等，2015；邓长菊 等，2014)。同时，相对湿度也是对大气能见度造成影响而不容小觑的重要因子之一(白永清 等，2016；樊高峰 等，2016)。

## 4.1　天津地区相对湿度资料选取

本章使用的基础气象资料来自国家气象信息中心研制的"中国地面基本气象要素日值数据集(V3.0)"，该数据集相对以往中国气象局发布的同类数据产品质量有大幅度提高，其研制过程中经过反复的质量检测和质量控制，纠正大量的错误数据以及补录数字化过程中的遗漏数据，最大程度地确保基础研究数据的可靠性，选取时间段为 1951—2015 年。元数据资料来自国家气象信息中心研制的"中国地面气象站元数据数据集(V1.0)"，以及由天津市气象局档案馆提供的各站历史档案信息，作为判断均一性检验结果是否合理以及断点订正位置的参考依据。

再分析资料为美国国家海洋大气局/环境科学研究合作协会气候诊断中心研制(https://www. esrl. noaa. gov/psd/data)的 NCEP/DOE AMIP-Ⅱ Reanalysis 2m 逐日平均比湿数据(以下简称 R-2)，时间段为 1979—2015 年，空间格点为 $192 \times 94$ (全球 T62 高斯网格)。这里利用反距离加权插值法分别把 R-2 比湿网格数据插值到天津 13 个地面站站点水平(Si et al.，2012)，作为待检站的参考序列。

这里均采用算数平均对上述两类日尺度气象资料进行月平均值统计。

## 4.2　相对湿度资料均一性检验与订正

采用 RHtestsV4 软件包对天津地区月平均相对湿度序列进行均一性检验和订正(Wang，2008a)。检验方法包括两种，一种是惩罚最大 t 检验(Penalized Maximal t test，PMT；Wang et al.，2007)，其检验过程中需要建立参考序列；另一种是惩罚最大 F 检验(Penalized Maximal F test，PMF；Wang，2008b)，适用于无参考序列的检验过程。断点的订正方法采用分位数匹配(Quantile-Matching adjustments，QM)(Wang et al.，2010)。RHtestsV4 方法已在天津太阳总辐射和气温等地面观测资料的均一性分析中得到很好的应用(司鹏 等，2015a；司鹏 等，2015b)。

### 4.2.1 参考序列的建立

本节拟通过利用再分析资料和地面基础观测资料两种途径建立参考序列，分别对天津13个地面站月平均相对湿度序列进行检验。

#### 4.2.1.1 再分析资料

比湿与相对湿度同为表征大气中水汽变化的物理量，许多学者均将其作为重要特征变量对大气中的水汽变化进行研究（周顺武 等，2015；郭艳君 等，2014；李丽平 等，2014；窦晶晶 等，2014；孙康远 等，2013），为天气气候变化及预报预测提供重要的科学依据。R-2再分析资料是经过改良的6小时全球数据分析序列，其订正了NECP Reanalysis-1数据拟合过程中人为因素导致的误差（Kanamitsu et al.，2002）。Trenberth et al.（2007）指出目前已有的再分析资料产品，对于短期（1979年至今）气候序列趋势评估具有一定的可靠性。因此，本节拟采用站点水平的R-2月平均比湿序列作为检验相对湿度的参考序列。

为避免参考序列自身导致的非均一性，本节利用RHtestsV4软件包提供的惩罚最大F检验（PMF），在两种置信度水平（0.95、0.99）下分别对R-2月平均比湿数据进行了均一性检验，得到13个站R-2站点插值序列均一性较好，均无显著断点。

#### 4.2.1.2 地面基础观测资料

基础观测资料参考站主要从京津冀179个地面气象站中依据水平距离、海拔高度进行筛选。基于天津地面观测站网（13个气象站），选取距离每一个待检站周围水平距离300 km以内，海拔高度差≤200 m的台站作为建立参考序列的候选站，利用PMF法结合台站元数据对这些候选站中距离待检站最近的10个站月平均相对湿度资料进行均一性检验。检验过程中，同样采用$\alpha=0.95$和$\alpha=0.99$置信水平，最终选取：（1）两种置信度水平下均无显著断点相对均一的（Li et al.，2009b）；（2）与待检站相关最大并且时间序列长度相当；（3）完整性较好；（4）台站所在环境与待检站基本一致的3个参考站来建立各待检站的参考序列。具体建立公式参见文献朱亚妮等（2015）。

### 4.2.2 均一性检验和订正

采用RHtestsV4软件包提供的惩罚最大t检验（PMT），利用再分析资料和地面基础观测资料两种参考序列，在$\alpha=0.95$和$\alpha=0.99$置信水平下，分别对天津13个地面站月平均相对湿度资料进行均一性检验。保留两类断点进行订正：一类是两种置信度水平下，地面基础观测资料参考序列同时检验得到并且有确切元数据支持的断点；另一类是两种置信度水平下，再分析资料参考序列同时检验得到与地面基础观测资料参考序列一致的并且有确切元数据支持的断点。如果上述两类断点出现的时间与台站元数据记录信息相差一年以内，根据元数据记录时间替换该断点位置。对存在显著断点的台站使用基于地面基础观测资料参考序列进行分位数匹配订正（QM），订正的置信度水平为0.95。

## 4.3　相对湿度资料均一化分析

### 4.3.1　检验出的断点数量及其原因

从表4.1给出的断点信息显示,13个地面站中,月平均相对湿度序列存在显著断点的台站有9个,占台站总数的69%,表明天津地区相对湿度资料普遍存在非均一性问题。从检验出的断点数来看,断点总个数为12个,其中,出现1个断点的台站居多,占断点台站的78%,而出现2个和3个断点的台站分别仅有1个。从表4.1中断点原因可以看出,自动站业务化对相对湿度序列的非均一性影响相对最大,这与朱亚妮等(2015)对全国相对湿度资料的检验结果一致,其次为迁站和仪器变更的影响。通过统计,自动站业务化、迁站和仪器变更导致相对湿度序列的断点个数分别约占总断点数的42%、33%和25%。

**表4.1　天津13个地面站月平均相对湿度序列非均一性检验信息**

| 待检站 | 站名 | 断点时间<br>(年—月) | 检验统计量值 | 95%置信区间 | 断点原因 |
|---|---|---|---|---|---|
| 54428 | 蓟州 | 1974—12 | 5.1 | 4.9~5.6 | 仪器变更 |
| | | 1992—05 | 5.9 | 4.8~5.6 | 仪器变更 |
| | | 2004—01 | 12.3 | 4.8~5.6 | 自动站 |
| 54517 | 市台 | 1955—01 | 14.9 | 7.5~8.6 | 迁站 |
| | | 2004—01 | 17.5 | 7.5~8.6 | 自动站 |
| 54523 | 武清 | 2005—01 | 9.2 | 5.2~6.0 | 迁站 |
| 54525 | 宝坻* | —— | —— | —— | —— |
| 54526 | 东丽 | —— | —— | —— | —— |
| 54527 | 天津* | 2003—01 | 13.1 | 7.0~8.1 | 自动站 |
| 54528 | 北辰 | 2004—01 | 9.8 | 5.9~6.9 | 自动站 |
| 54529 | 宁河 | 2004—01 | 9.3 | 6.8~8.0 | 自动站 |
| 54530 | 汉沽 | —— | —— | —— | —— |
| 54619 | 静海 | 1965—01 | 16.4 | 5.3~6.1 | 仪器变更 |
| 54622 | 津南 | —— | —— | —— | —— |
| 54623 | 塘沽* | 1983—01 | 18.7 | 6.1~7.3 | 迁站 |
| 54645 | 大港 | 2003—07 | 9.4 | 6.3~7.7 | 迁站 |

注:表中 * 表示台站为基本站,其他均为一般站。

### 4.3.2　造成序列不连续的具体原因分析

图4.1给出代表天津乡村(图4.1a)、城市(图4.1b)、郊外(图4.1c、4.1d)和集镇(图4.1e)环境的待检站相对湿度年平均序列及其对应两种参考序列。如图4.1所示,各待检站两种参考序列的趋势变化特点基本一致,特别是年代变化,一定程度上表现出参考序列建立的合理性。从待检序列与参考序列对比来看,54428(图4.1a)、54517(图4.1b)和54527(图4.1c)3个站2003—2004年前后相对湿度逐年值出现了明显低于参考序列的变化特点。而在此期间,天津13个地面站均经历了人工站转自动站业务化过程。同样,54528和54529(图略)2个站

在 2004 年前后也出现急剧下降的现象。余君和牟容(2008)和苑跃等(2010)的研究表明,相对湿度由人工转自动观测过程中有明显偏干现象。因此,通过 PMT 法检验出自动站业务化导致部分台站在 2003 年和 2004 年出现断点是可靠的(表 4.1)。

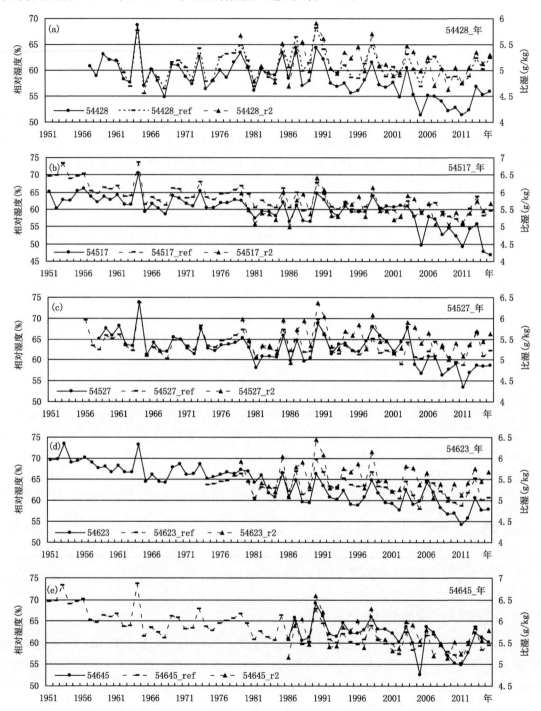

图 4.1　待检序列(54645)及其观测资料(54645_ref)和 R-2 再分析资料(54645_r2)参考序列
(a)蓟州站,(b)市台站,(c)天津站,(d)塘沽站,(e)大港站

图 4.1d 所示,54623 站相对湿度的逐年变化值相对参考序列在 1983 年前后出现由高到低的突变现象,54645 站(图 4.1e)在 2003 年前后也出现相同的序列突变,但从表 4.1 给出的检验统计量值来看,其变化幅度相对较小。查阅台站元数据得到,这两个站分别在 1983 年和 2003 年发生过迁站,54623 站(图 4.1d)在 1983 年由所在的海滨环境迁到了郊区,54645 站(图 4.1e)在 2003 年由所在的乡村环境迁到了集镇。根据城市气候学研究表明,城区环境的年平均相对湿度要比乡村环境低(周淑贞 等,1994),由此,这两个站相对湿度序列因迁站导致的断点是可靠的(表 4.1)。同样,54523 站(图略)因迁站造成相对湿度序列在 2005 年前后出现显著断点也是如此。

对于仪器变更影响,造成了 54428(图 4.1a)和 54619(图略)2 个站相对湿度序列出现不连续现象。查阅台站元数据显示,54428 站自建站以来经历了 10 余次干湿球温度表和 8 次毛发湿度表的更换,均是国内仪器厂家的更换。根据天津常年气候状况,使用毛发湿度表的情况不多,所以在人工观测时期能够对相对湿度数据造成影响的仪器主要为干湿球温度表,但其对 54428 站序列突变影响幅度较小(表 4.1 检验统计量值)。同样,根据台站元数据,54619 站(图略)自建站以来也经历了 10 余次干湿球温度表和毛发湿度表的更换,不同的是,除了国内厂家更换外,在 1965 年前后该站经历了 1 次干湿球温度表由日本生产改为中国上海生产的仪器变换。并且从检验统计量值来看(表 4.1),仪器变更对 54619 站序列造成的不连续影响相对 54428 站明显,一定程度上说明了仪器规格型号和生产国别的更换对相对湿度序列的非均一性影响要比同类型或国内生产仪器更换更为显著。

结合台站元数据信息,不难发现自动站业务化的影响从本质来看也是仪器变更的一种表现,即由传统的干湿球温度表换成了湿敏电容湿度传感器,从观测方式方法上改变了相对湿度的测量结果;再者对于一般站来说,亦表现为均值统计方法的改变,即由自记代替 02 时定时观测数据转变成自动观测得到 02 时定时数据来对日平均值进行统计。为了进一步分析自动站业务化影响的具体原因,研究中首先对表 4.1 中因自动站业务化影响导致时间序列不连续的 5 个台站 2004 年(基本站)和 2005 年(一般站)平行观测期间的自动与人工观测日平均相对湿度进行了比较。

如图 4.2 所示,5 个台站各个月份的自动观测值均小于人工观测值(除 54528 站的 6—8 月以外),这一特点与上述均一性分析结果一致。二者差值的年均值变化范围为−1.6～

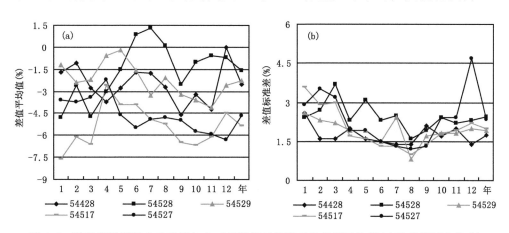

图 4.2　平行观测期间自动观测与人工观测相对湿度对比差值平均值(a)及差值标准差(b)

−5.4%(图4.2a),其中,作为一般站的市台(54517)差值幅度相对最大为−5.4%,其次为基本站的天津站(54527)为−4.6%。但从图4.2b给出的自动与人工观测差值标准差来看,其年均值范围仅为1.7%～2.5%,幅度变化较小,并且对应54517、54527站的差值标准差年均值分别仅为2.0%、2.4%,说明自动与人工观测差异的平均变化幅度并没有出现明显异常。因此,一定程度上能够得到自动与人工均值统计方法的不同并不是造成台站序列不连续的主要因素。

因此,自动站业务化对5个台站(表4.1)相对湿度序列的不连续影响可能主要是仪器变更导致。根据《地面气象观测规范》(简称"规范")结合苑跃等(2010)的分析结果,可以得到对于天津地区人工转自动观测引起的仪器变更造成相对湿度序列产生突变的主要原因在于,首先是干湿球温度表人工读数误差所导致,一方面表现为观测员没有严格按照规范规定进行观测;另一方面人工观测与自动观测正点数据的时间不一致。其次是干湿球温度表中湿球纱布包扎不规范、纱布不清洁以及湿球溶冰不当等均可能造成了湿球温度表测量值的不准确,进而导致相对湿度计算值的误差。

### 4.3.3　QM 订正量的概率密度分布统计

如图4.3所示,相对湿度的订正量比例呈单峰分布,并且以负订正量为主,经统计正、负订正量分别约占3.7%、96.3%,总的订正范围为−9.84%～6.97%,均值和中值分别为−3.26%和−3.06%。图中正态拟合曲线显示,订正量集中分布在−5.0%～−1.5%,约占总订正量的80%以上,概率密度达到0.1以上。从不同断点原因导致的订正量来看(表4.2),尽管仪器变更导致的序列断点数相对最少,但其导致的序列订正幅度相对最大,并且均为负值,其范围为−8.53%～−1.89%,订正量均值和中值分别达到−4.87%、−4.71%;自动站业务化和迁站造成的序列断点订正幅度基本相当,其均值和中值均约为−3.0%左右。

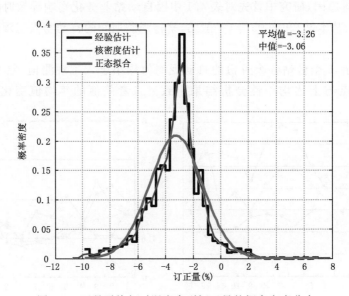

图 4.3　逐月平均相对湿度序列订正量的概率密度分布

表 4.2　不同断点原因导致的订正量统计(单位:%)

|  | 自动站 | 迁站 | 仪器变更 | 总的 |
|---|---|---|---|---|
| 订正量均值 | −3.06 | −3.00 | −4.87 | −3.26 |
| 订正量中值 | −2.93 | −2.72 | −4.71 | −3.06 |
| 订正量范围 | −6.66～1.26 | −9.84～6.97 | −8.53～−1.89 | −9.84～6.97 |

因此,总的来说,自动站业务化、迁站和仪器变更在很大程度上能够造成天津地区相对湿度降低的突变,特别是仪器变更的影响,这与 William A et al.(2005)对加拿大 75 个地面站相对湿度的非均一性检验结果一致,其认为干湿球温度表的更换使得该地区大部分台站相对湿度减小。但是迁站由于站点周围环境的不同亦会造成局地小气候的改变,导致了相对湿度序列出现增加或减少的突变。

## 4.4　订正后相对湿度资料可用性评估

### 4.4.1　资料订正前后的方差和趋势比较

图 4.4 给出天津 13 个站基于均一性订正前、后相对湿度的年序列方差分布。如图 4.4 所示,各站订正后(图 4.4b)的方差均小于订正前(图 4.4a)的,利用算术平均求取的天津年平均相对湿度序列订正前后的方差分别为 10.2%、8.1%。最为典型的因仪器变更导致序列突变的 54428 和 54619 两个站,订正后方差均比订正前减少约 6.2%;同样,因迁站导致序列突变的 54623 站订正后的方差比订正前减少达到 8.6% 左右。这种变化特点也体现在各站相对湿度季节序列变化中(图略),特别是春季和冬季。天津受季风环流影响,春季和冬季干旱少降

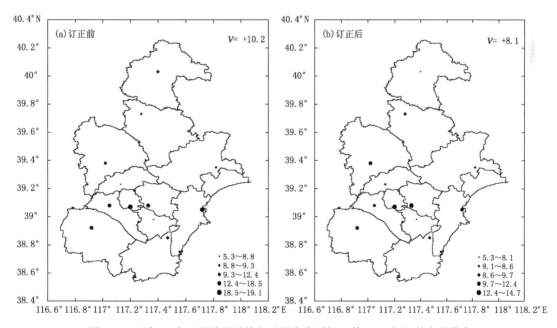

图 4.4　天津 13 个地面站月平均相对湿度序列订正前(a)、后(b)的方差分布

水,所以湿度偏离均值的平均变化幅度相对较大,然而,受非均一性因素影响这种偏离程度可能失去合理性。但从各站订正后相对湿度的方差变化来看,均一性订正似乎减缓了这种异常的离散现象,54428 站春、冬季订正后方差减少约 12.3％、9.6％;54619 站春、冬季订正后方差均减少约 6.2％左右;而 54623 站季节方差减少也较为明显,订正后春、冬季方差分别减少约11.9％、6.3％。

如图 4.5 所示,天津各站订正后(图 4.5b)相对湿度的趋势减少幅度明显小于订正前(图4.5a)的,这一特点与朱亚妮等(2015)对中国地面相对湿度资料的均一性订正结果基本一致。天津各站年平均相对湿度订正前、后的趋势变化范围分别为−2.147％/10a～−0.539％/10a、−1.359％/10a～−0.157％/10a,基于算数平均求取的天津年平均相对湿度序列订正前、后的趋势分别为−1.124％/10a、−0.738％/10a,均通过置信度 95％显著性检验。其中,与方差变化一致,54428 站订正前后的序列趋势转变也较为突出,订正后相对湿度趋势增加约 1％/10a;因迁站导致序列突变的 54623、54645 两个站订正后趋势均增加约 1％/10a。同样,与年趋势变化一致,各站季节平均相对湿度序列中(图略),特别是冬季,56％的台站订正后相对湿度序列有小幅度的增加趋势,而各站春、夏、秋季订正后的相对湿度趋势的减少幅度均有所减缓。基于算数平均求取的天津春、夏、秋、冬季相对湿度序列订正后的趋势分别为−1.115％/10a、−0.588％/10a、−0.573％/10a、−0.596％/10a(均通过置信度 95％显著性检验),与订正前相比各季节趋势平均幅度均增加了约 0.4％左右。

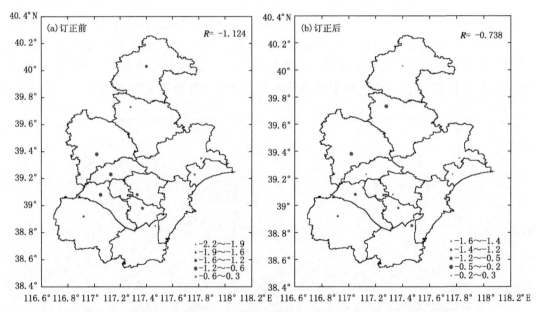

图 4.5　天津 13 个地面站月平均相对湿度序列订正前(a)、后(b)的趋势分布

### 4.4.2　与同类数据产品的误差比较

以朱亚妮等(2015)研制数据为参照对天津订正后的月平均相对湿度资料进行误差分析,用到的统计量为标准误差(standard error,SE)和平均绝对误差(mean absolute error,MAE),二者均是统计推断可靠性的指标,具体方法参见文献司鹏等(2015b)。

从图 4.6 给出的误差概率密度分布来看,本章与朱亚妮等(2015)的年、季节 MAE 值(图 4.6b)均小于 SE 值(图 4.6a),说明本章得到的均一化相对湿度数据与朱亚妮等(2015)的误差平均值较小,具有一定的可靠性。表 4.3 统计结果显示,两类相对湿度数据的年、月 MAE 值在[0,2%]的台站数除 1 月仅为 84.6% 以外,其他月份和年均达到 92.3% 以上;而 SE 值在该范围的台站比例相对较少,但也均达到了 76.9% 以上。其中出现误差较大的台站主要表现在54517、54527 和 54623 三个站,其 SE、MAE 值均达到了 2.5% 左右。54623 站春、冬季的 SE、MAE 值达到 3.0% 以上,这也是造成图 4.6 中 SE、MAE 的年误差值均出现大于 3.0% 现象的原因。54517、54527 站出现误差较大的原因可能主要如前文(第 2 章)所述,两类资料的预处理方式不同,造成均一性检验过程中断点判断的不同,进而导致数据订正结果的差异。在资料处理过程中,由于人为经验的不同或是台站元数据信息记载的不够全面等主观因素的影响,可能会造成个别断点位置判断的失误,导致序列订正的偏差,而 54623 站两类订正数据的明显差异可能因为如此。另外,朱亚妮等(2015)的订正数据是保留了有元数据和没有详尽元数据印证的断点,而本章仅保留有确切元数据支持的断点进行的订正,所以,一定程度上也会造成两类数据 54517、54527 和 54623 站订正后的月平均相对湿度数据存在明显误差。

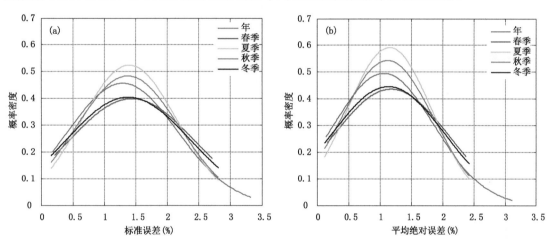

图 4.6 本章与朱亚妮等(2015)订正后资料的标准误差(a)和平均绝对误差(b)概率密度分布

表 4.3 本章与朱亚妮等(2015)订正后资料误差在 0~2% 的台站比例(单位:%)

| | 1月 | 2月 | 3月 | 4月 | 5月 | 6月 | 7月 | 8月 | 9月 | 10月 | 11月 | 12月 | 年 |
|---|---|---|---|---|---|---|---|---|---|---|---|---|---|
| SE | 76.9 | 76.9 | 76.9 | 76.9 | 76.9 | 84.6 | 76.9 | 84.6 | 84.6 | 84.6 | 84.6 | 76.9 | 84.6 |
| MAE | 84.6 | 92.3 | 92.3 | 92.3 | 92.3 | 92.3 | 92.3 | 100 | 100 | 92.3 | 100 | 92.3 | 100 |

同时,这一差异也影响了天津近 60 多年相对湿度趋势变化的评估。尽管两类数据统计得到天津地区年、季节平均相对湿度均呈显著的减少趋势(均通过置信度 95% 显著性检验),但是从变化幅度来看,本章的订正结果均小于朱亚妮等(2015),后者年、春、夏、秋、冬季平均相对湿度变化趋势分别为 −0.864%/10a、−1.281%/10a、−0.629%/10a、−0.758%/10a、−0.697%/10a。然而,从 4.4.1 节的分析结果来看,本章的订正结果可能更符合天津的实际气候变化特点。

本章对天津 13 个地面站 1951—2015 年月平均相对湿度资料进行了均一性检验和订正,得到以下结论:

(1)通过检验发现,天津地区相对湿度资料普遍存在非均一性问题,存在显著断点的台站占台站总数的 69%。结合元数据分析显示,自动站业务化是造成相对湿度序列出现非均一的主要因素,其次为迁站和仪器变更的影响。

(2)从断点的 QM 订正来看,相对湿度的订正量比例呈单峰分布,并且以负订正量为主,80% 以上集中分布在 −5.0%～−1.5%。其中,仪器变更导致的序列订正幅度相对最大,并且均为负值,订正量均值和中值分别达 −4.87% 和 −4.71%。

(3)通过比较分析均一性订正前后月平均相对湿度的方差和趋势变化得到,均一化订正减小了非均一性因素导致的相对湿度离散程度较大影响,并且各站订正后的年和季节相对湿度趋势减少幅度均有所减缓,特别是冬季,56% 的台站订正后有小幅度的增加趋势。

(4)与朱亚妮等(2015)同类数据产品的误差比较得到,各站年和季节 MAE 值均小于对应 SE 值,说明两类相对湿度数据误差平均值较小。但由于一些主观因素影响,造成了两类资料中个别台站 MAE、SE 误差值达到 3.0% 以上,使得 MAE、SE 误差值范围在 0～2% 的台站比例仅为 84.6%、76.9% 以上。

# 第5章　天津地区平均风速资料的均一化处理

风作为描述区域或局地气候变化的基本要素之一,其统计数据在全球气候变化、交通运输、城市建筑、市政规划及风能资源开发利用等领域中都起着至关重要的作用(Takvor et al. , 2016;Katsigiannis et al. , 2014;Fang, 2014;Xu et al. , 2006),因此,在评估风速的年代际及趋势变化等气候学特征时,其时间序列的均一性分析显得尤为重要(William J et al. , 2014; Chen et al. , 2013;Fu et al. , 2011;Pryor et al. , 2009)。

## 5.1　天津地区平均风速资料选取

本章用到的基础数据来自国家气象信息中心"基础气象资料建设专项"研制的中国地面历史基础气象资料及台站元数据集(任芝花 等,2012),该资料的优越性在第2章有所介绍。其中,元数据资料用来描述各气象台站的历史沿革信息,作为判断平均风速资料均一性检验结果是否合理及其序列订正位置的参考依据。选取天津地区13个地面气象站(图5.1)建站以来

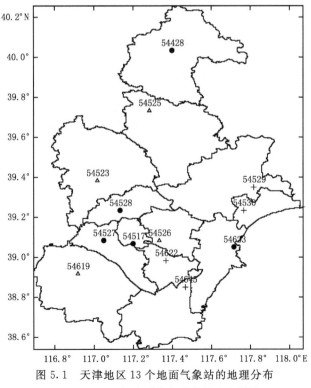

图 5.1　天津地区13个地面气象站的地理分布

（实心圆点和三角分别代表城市站和乡村站）

至 2014 年的 2 min 逐月平均风速资料进行均一性分析,缺测数据利用对应时间序列的多年平均值进行插补。天津地面观测站分布均在同等海拔高度且无显著地势差异,并且根据元数据显示各站所使用的风速观测仪器也不存在显著的高度变更,所以这里我们直接对选取的基础数据进行分析,而不采取如 Wan et al. (2010)及 Cusack(2013)研究中首先进行非标准风速高度标准化的处理。

## 5.2　平均风速资料均一性检验与订正

采用客观分析与元数据分析相结合的技术思路对天津地区逐月平均风速序列的均一性进行综合判断,以确保检验结果的客观真实。客观分析方法采用 RHtestsV4 软件包,相比 Li et al. (2011)研究中采用的 MASH 方法,RHtestsV4 并不受限于待检序列的时间长短,并且基于 R 环境提供友好的图形用户界面(GUI)对逐个台站及其匹配的参考序列进行均一性分析。其检验方法包括两种,一种是惩罚最大 t 检验(the penalized maximal t test, PMT)(Wang et al. , 2007),其检验过程中需要建立参考序列。另一种是惩罚最大 F 检验(penalized maximal F test, PMF)(Wang, 2008a),适用于无参考序列的检验过程。两种算法能够经验性地考虑到序列滞后一阶自相关导致的统计量检验误差,并嵌入了多元线性回归方法,通过使用经验性的惩罚函数,极大地减小伪识别率和检验功效不平衡分布的问题(Wang, 2008b)。该方法在对天津地区近 60 年来的气温和太阳总辐射资料的均一性分析中均得到了较好的应用(司鹏等,2015a;司鹏 等,2015b),同时也被前人广泛应用于其他地区的气温、降水、风速及相对湿度等气候序列的均一性分析中(Wang et al. , 2014;Kuglitsch et al. , 2012;Aiguo et al. , 2011;Wan et al. , 2010;Alexander et al. , 2006)。断点的订正方法采用分位数匹配(Quantile-Matching adjustments, QM)(Wang et al. ,2010)。

### 5.2.1　参考序列的建立和检验序列的形成

由于月尺度的气候时间序列一般具有较强的自相关性,并且会受到局地天气扰动及季节变率的影响,所以在这里为取得最佳的检验效果,均将待检序列和对应参考序列形成历年同月的序列形式进行检验和订正。这在前人的对地面风速均一化研究工作中是不具有的(Minola et al. , 2016;Azorin-Molina et al. , 2014, 2016;Cusack, 2013;Li et al. , 2011;Wan et al. , 2010)。气候时间序列中的变化信号可能是非均一的系统偏差,但也可能是局地气候的一个阶段性突变(李庆祥,2016)。随着城市化进程的加快,天津城市化建设日益显著,外来人口的增多逐渐改变着该地区的气候环境格局(气候增暖、大气污染等人类活动)。所以为保留气候数据的客观性,参考序列的建立并没有采用反映背景大气环流运动的地转风速(Minola et al. , 2016;Wan et al. , 2010)或不受地面人类活动影响的模式模拟数据(Azorin-Molina et al. , 2014),而是仍沿用以往天津历史均一化气象数据产品(司鹏 等,2015a;司鹏 等,2015b)制作中所采用天津站网(图 5.1)邻近站观测资料的技术思路。

为得到尽可能均一的参考序列,拟通过两种途径分别对天津地区 13 个地面站 1951—2014 年历年同月平均风速建立参考序列,一种是利用标准正态检验方法(SNHT)(Alexandersson, 1986),另一种采用 P-E 技术(Peterson et al. , 1994)。检验序列的构造采用比值法,即待检序列与参考序列的比值。利用 SNHT 法分别对两种方法得到的检验序列进行均一性检验,依据其断点检验结果,结合台站元数据信息以及利用惩罚最大 F 检验(PMF)(检验的置信度水平为 $\alpha = 0.01$)对无参考序列的天津地区 13 个地面站 1951—2014 年逐年、月平均风速序列断点的检验结果,最终选取对应断点检验结果较为合理的参考序列作为各台站平均风速真实气候变化的参照(表 5.1)。

　　SNHT 参考序列的建立方法:基于天津地区的地面观测站网(13 个地面站),主要依据时间序列的长度及台站的位置,从与每个待检站临近的相关系数最大的 5 个台站中选取 3 个台站作为参考站,该参考站的平均风速时间序列长度尽可能与待检站一致,并且 3 个参考站所在位置尽可能以待检站为中心处于三角的位置。利用公式(5.1)建立参考序列 $r_i$ ,即:

$$r_i = \Big[ \sum_{j=1}^{3} \rho_j^2 X_{ji} / \overline{X_j} \Big] / \sum_{j=1}^{3} \rho_j^2 \tag{5.1}$$

式(5.1)中, $\rho_j$ 是待检序列与参考台站序列 $X_{ji}$ 的相关系数, $\overline{X_j}$ 是参考台站序列的平均值。

　　P-E 技术参考序列的建立方法:首先,对天津地区 13 个地面站的平均风速序列(年、月)进行一阶差分处理(式(5.2)),得到 $dT/dt$ ;其次,基于差分后的 13 个地面观测站网,从每个待检站临近的所有台站中选取二者差分序列相关系数最大并且相关显著的台站作为建立该待检站参考序列的候选台站;同时,为了降低相关性检验中出现的偶然概率事件,研究利用多元随机区组排列法(multivariate randomized block permutation, MRBP)对得到的相关较大台站的代表性进行检验,选取其中通过 MRBP 检验(检验概率值小于等于 0.01)并且最高相关的 5 个站作为参考站,利用加权平均建立参考序列;最后,将一阶差分 $dT/dt$ 的参考序列转换成原始数据 $r_i$ 。

$$(dT/dT)_i = T_{i+1} - T_i, i = 1, 2, \cdots, 64 \tag{5.2}$$

　　检验序列的建立方法:分别基于以上两种方法建立的参考序列 $r_i$ ,采用比值法( $Y_i$ 为待检序列, $\overline{Y}$ 为待检序列的平均值)构造检验序列 $Q_i$ ,即:

$$Q_i = \frac{Y_i / \overline{Y}}{r_i} \tag{5.3}$$

　　在均一性检验过程中需对该序列进行标准化,其目的是使序列的值在 1 附近波动,并且近似服从 $N(0,1)$ 分布,即:

$$Z_i = (Q_i - \overline{Q}) / \sigma_Q \tag{5.4}$$

**表 5.1　天津地区 13 个地面站参考序列的建立方法**

| 台站号 | 建立方法 | 台站号 | 建立方法 |
|---|---|---|---|
| 54428 | SNHT | 54529 | P-E |
| 54517 | P-E | 54530 | SNHT |
| 54523 | SNHT | 54619 | P-E |
| 54525 | P-E | 54622 | SNHT |
| 54526 | SNHT | 54623 | P-E |
| 54527 | P-E | 54645 | SNHT |
| 54528 | SNHT | | |

### 5.2.2　序列断点的确定

元数据是气候资料均一性分析工作中不可或缺的重要要素之一(Aguilar et al.，2003)，与 Azorin-Molina et al.(2014)采用的技术方法不同，对于断点的判断我们着重依据详尽的元数据信息从主观角度考虑其正确性和客观性，而不是一味地从数学方法中得到统计显著的断点。所以，本章除了采用中国气象局提供的台站元数据资料以外，还对各站查阅了大量的历史档案信息(由天津市气象局档案馆提供)，为其平均风速序列断点的确定和订正提供更明确的依据和保障。利用惩罚最大 t 检验(PMT)分别对 13 个地面站的检验序列 $Z_i$(年、月)进行检验，根据台站元数据记录的历史沿革信息调整断点时间，结合建立对应参考序列的断点检验结果，保留检验过程中有明确台站元数据支持的，并且在年、月序列中被同时检验出的显著间断点进行订正。检验的置信度水平为 $\alpha=0.05$。

## 5.3　平均风速资料均一化分析

### 5.3.1　检验出的断点数量及其原因分析

检验得到的断点信息显示(表 5.2)，13 个地面站中，逐月平均风速序列存在显著断点的台站有 10 个，占台站总数的 77%，表明天津地区的平均风速资料普遍存在非均一性问题。从检验出的断点数来看，其断点总个数为 55 个，其中，出现 4 个及以上断点的台站居多，占断点台站的 60%，其次为出现 2 个断点的台站，占 30%，而出现 3 个断点的台站仅有 1 个。表 5.2 给出导致的断点原因显示，迁站对逐月平均风速序列的均一性影响相对最大，其次为仪器变更和自动站业务化的影响，造成的断点个数分别约占总断点数的 36%、33% 和 29%。造成风速序列产生断点原因在 Wan et al.(2010)研究中也有所体现。对于出现 4 个及以上断点的 6 个台站中，共检验出 46 个断点，其中迁站、仪器变更造成的断点数分别占 43%、30%，自动站业务化导致的断点数占 26%。

**表 5.2　被检验出的断点数量及其原因统计**

|  | 无断点 | 1 个断点 | 2 个断点 | 3 个断点 | 4 个及以上断点 |
|---|---|---|---|---|---|
| 断点台站数 |  |  |  |  |  |
| 10 | 3 | 0 | 3 | 1 | 6 |
|  | 迁站 | 仪器变更 | 观测时次 | 自动站 |  |
| 总断点数 |  |  |  |  |  |
| 55 | 20 | 18 | 1 | 16 |  |

从 1951—2014 年逐月平均风速序列中被检验出的断点的时间分布来看，如图 5.2 所示，2002—2004 年的断点个数相对最多，查阅台站元数据信息显示，造成该时段序列突变的主要原因是自动站业务化和迁站；1969—1970 年、1988—1989 年的断点数次之，根据元数据信息得到，导致这两个时段出现序列突变的原因分别是仪器变更和迁站。

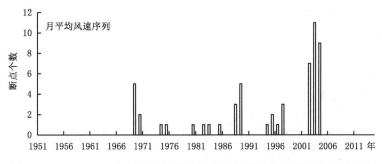

图 5.2　1951—2014 年逐月平均风速序列中被检验出的断点的时间分布

## 5.3.2　造成逐月平均风速序列不连续的具体原因分析

表 5.3 给出天津地区月平均风速序列的断点信息。如表 5.3 所示,出现断点的 10 个地面站中,由于仪器变更导致序列不连续的台站数最多,其次为自动站业务化,尽管迁站导致的断点数最多(表 5.2),但是造成的突变台站数相对最少。查阅台站元数据显示,宝坻(54525)、东丽(54526)、宁河(54529)、塘沽(54623)4 个台站的风速序列突变主要是由于仪器变更引起的,集中体现为仪器换型和仪器高度的变化。其中,仪器换型的影响最大,均由维尔德测风器转换成 EL 型电接风向风速计所导致,造成的断点数占 4 个台站断点总数的 69%,而仪器高度变化的影响主要集中在 54529 站中,变化幅度为 + 4.2 m,断点数约占 31%。图 5.3 给出 4 个典型台站基于订正前后月平均风速统计得到的年平均序列。结合上述台站元数据分析结果发现,由于仪器换型造成了 54525 站(图 5.3a)的平均风速在 1970 年之前异常偏大,同样,54526 站和 54623 站(图略)分别在 1974 年和 1995 年以前也表现出了平均风速偏大的现象;仪器高度的增加导致了 54529 站(图 5.3b)平均风速在 1997 年以前的异常偏小。但从图 5.3a、5.3b 中还可以看出,通过均一性订正基本纠正了各台站因仪器变更导致的风速序列突变,使其变得相对平缓和连续。

表 5.3　天津 13 个地面站逐月平均风速序列均一性订正信息

| 区站号 | 站 名 | 站 类 | 是否订正 | 订正原因 |
|---|---|---|---|---|
| 54428 | 蓟州 | 一般站 | 否 | — |
| 54517 | 市台 | 一般站 | 是 | 自动站;仪器变更 |
| 54523 | 武清 | 一般站 | 否 | — |
| 54525 | 宝坻 | 基本站 | 是 | 仪器变更 |
| 54526 | 东丽 | 一般站 | 是 | 仪器高度变化;仪器变更 |
| 54527 | 天津 | 基本站 | 是 | 自动站 |
| 54528 | 北辰 | 一般站 | 是 | 迁站 |
| 54529 | 宁河 | 一般站 | 是 | 仪器高度变化 |
| 54530 | 汉沽 | 一般站 | 是 | 自动站 |
| 54619 | 静海 | 一般站 | 是 | 仪器高度变化;观测时次改变;自动站 |
| 54622 | 津南 | 一般站 | 否 | — |
| 54623 | 塘沽 | 基本站 | 是 | 迁站;仪器变更 |
| 54645 | 大港 | 一般站 | 是 | 迁站 |

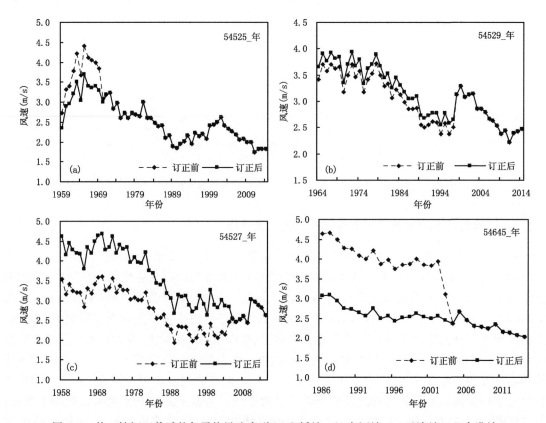

图 5.3　均一性订正前后的年平均风速序列(a)宝坻站,(b)宁河站,(c)天津站,(d)大港站

对于自动站业务化影响来说,其主要造成了天津(54527)、汉沽(54530)2 个台站风速序列的不连续,集中年份在 2002—2004 年。其中,对 54527 站的影响最为突出,造成该站 1—12 月平均风速序列均出现了断点。对台站序列影响来说,如图 5.3c 所示,自动站业务化使得 54527 站在 2004 年以前出现异常偏小,而对 54530 站(图略)2004 年以前的风速序列则造成了增大的突变。但通过均一性订正修正了自动站业务化对各站风速序列造成的突变影响,使其平均风速资料变得相对合理。

对于迁站的影响,其造成序列不连续的 2 个站中(其一为北辰站(54528)),对大港站(54645)的影响相对突出,导致该站除 2 月份以外的其他 11 个月平均风速序列均出现了断点,并且造成了 2003 年以前平均风速的异常偏大(图 5.3d)。结合台站元数据信息,不难发现自动站业务化的影响从本质来看也是仪器换型的一种表现,均由 EL 型电接风向风速计换成了 EL 型 15-1A 风杯风速传感器。而迁站的影响也主要是通过台站探测环境的改变及仪器高度的变化两个方面表现出来的(Wan et al.,2010)。另外,表 5.3 中还统计得到,市台(54517)和静海(54619)2 个台站的风速序列突变均是由仪器变更和自动站业务化共同作用的结果,但是对 2 个站的风速序列突变幅度并没有造成太大的影响(图略)。

因此,通过以上分析表明,导致天津地区逐月平均风速序列突变的主要原因是仪器变更,包括仪器换型和同类仪器高度的变化,仪器换型则是其中的重要影响因子。而自动站业务化着实增加了仪器换型的非均一性影响。但均一性订正纠正了各台站因这些非气候因素影响而导致的平均风速序列突变,使其变化相对合理。这与前人对我国平均风速均一性研究结果是一致的(曹丽娟 等,2010;刘小宁,2000)。

### 5.3.3　QM 订正量的概率密度分布统计

图 5.4 给出通过分位数匹配订正(QM)得到的天津地区逐月平均风速序列订正量的概率密度分布。从图中经验估计曲线可以看出,对月平均风速序列订正的正偏差量多于负偏差,分别约占 55.4% 和 44.6%。其中,核密度拟合曲线显示,概率密度达到 0.2 以上的正偏差订正幅度集中在 0.2~1.2 m/s,占正偏差订正量的 85%;而对应负偏差订正幅度则集中在 −0.1~−1.2 m/s,占负偏差订正量的 80%。通过统计,对全部 10 个地面站月平均风速序列订正的幅度范围为 −3.4~3.2 m/s,均值和中值分别为 0.03 m/s 和 0.3 m/s。

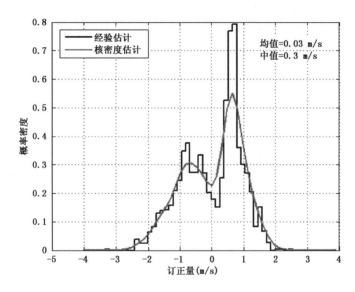

图 5.4　逐月平均风速序列订正量的概率密度分布

## 5.4　订正后平均风速资料可用性评估

本节一方面通过比较分析天津地区均一性订正前后月平均风速序列的方差和趋势变化以及与基于地面观测逐日平均本站气压资料计算得到的地转风速趋势变化进行比较;另一方面,以中国气象局 2015 年 12 月最新发布的《中国国家级地面气象站均一化风速月值数据集(V1.0)》(简称 CMA)为参照对象,与本章研究结果进行误差分析,来对天津 1951—2014 年均一化的逐月平均风速资料质量进行估量。

### 5.4.1　资料订正前后的方差比较

方差是用来衡量样本中资料围绕其均值的平均变化幅度,一般来说,方差也是用来比较不同区域各气候变量的大小差异(黄嘉佑,2000)。图 5.5 给出天津 13 个地面站基于均一性订正前、后月平均风速资料统计得到的年方差分布。如图 5.5 所示,订正后(图 5.5b)的方差基本小于订正前(图 5.5a)的,整个区域年方差均值分别为 0.343 m/s、0.416 m/s,这种变化特点也体现在各站季节平均风速序列中(图略)。结合图 5.6 各站订正前后年、季节平均风速方差差值变化来看,差值减小最为突出的为大港站(54645),订正后的年方差相对订正前减少约 0.75 m/s,其中春季减少相对最大约为 1.18 m/s。根据台站元数据显示,54645 站在 2003 年由乡村环境迁到了集镇,受城镇化影响相对较大,平均风速势必会变小(Wu et al.,2016;Cui et al.,2012;周淑贞 等,1994),而订正使得该站的风速变化更加合理。因此,可以说均一性订正能够大大减小非均一性因素导致的平均风速离散程度较大的影响,提高风速变化的稳定性。但与之相反,天津站(54527)订正后的年、季节方差均大于订正前的,年方差相对订正前的增加了约 0.27 m/s,同样,春季的增加量也是相对最大的约为 0.41 m/s。从该站所处位置来看,2010 年以前 54527 站地处低洼地,并且周围建筑性的障碍物较多,但这种影响仅限于局地环境影响,而不是城市化影响;迁站之后台站周围平坦开阔,观测到的平均风速势必会相对增加。然而,对于该站均一性的检验结果(表 5.3)只显示出自动站业务化(仪器换型)带来的影响,迁站影响似乎被掩盖,但是从 5.3.2 节分析结果来看,迁站对平均风速序列突变影响的本质也是仪器变更的一种表现,所以该站订正后风速变化的不稳定是相对合理的。另外,图 5.6还显示,塘沽站(54623)订正后的冬季平均风速方差表现出了增大的变化,塘沽站是天津地区唯一一个近沿海的陆地站,冬季由于冷空气频繁,随之带来的海上大风过程相对其他季节较多,由此从天气系统影响角度来说,塘沽站冬季平均风速方差增加是相对合理的。这与 William J et al.(2014)的研究结论一致,其对 1979—2009 年博福特/楚科奇海沿海地区的风速气候特征研究得到,在该年的所有月,沿海地区的风速要比内陆站大,并且最大月平均风速出现在冬季月。同样的研究结论也表现在 Minola et al.(2016)的研究中。

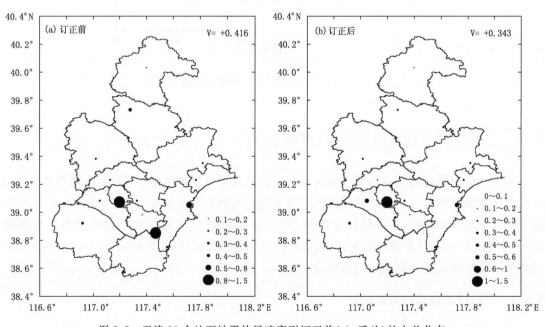

图 5.5　天津 13 个地面站平均风速序列订正前(a)、后(b)的方差分布

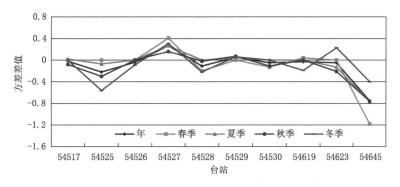

图 5.6 天津 10 个地面站月平均风速序列订正前后年和季节方差差值

### 5.4.2 资料订正前后的趋势空间分布

图 5.7 给出天津均一性订正前后年、季节平均风速趋势变化的空间分布。对于年趋势变化来说,均一性订正使得天津风速趋势减少高值区由大港区(54645)(图 5.7a)转移到了市区一带(54517)(图 5.7b),在各季节平均风速趋势的空间变化中也有相同的表现(图 5.7d、f、h、j),这与天津城市气候变化特征是相吻合的。查阅台站元数据显示,市台(54517)地处天津市中心,受城市化影响较为突出,相对其他台站风速趋势减少幅度势必会很明显(Dou et al.,2015;Hou et al.,2013)。并且对比订正前平均风速的趋势空间分布(图 5.7a),从订正后的趋势分布(图 5.7b)中还得到了一个趋势减少高值区宁河站(54529),该站由于受到城镇化进程影响,周围探测环境已经严重不符合地面气象业务观测条件,正因如此该站在 2018 年 1 月 1 日起已启用新址。这充分体现出近几十年来,随着城市发展到一定程度,对城区不会继续进行大规模的建设,相反,那些原来本就空旷的乡村或城郊地区便会成为城市建设的目标,因此,在

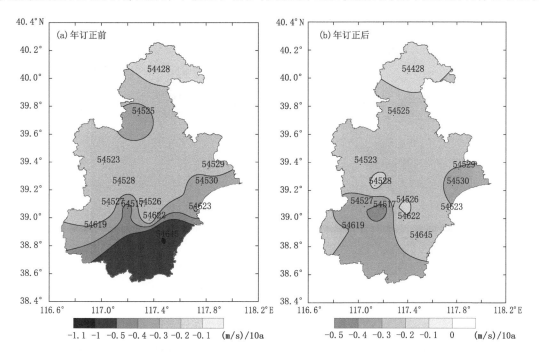

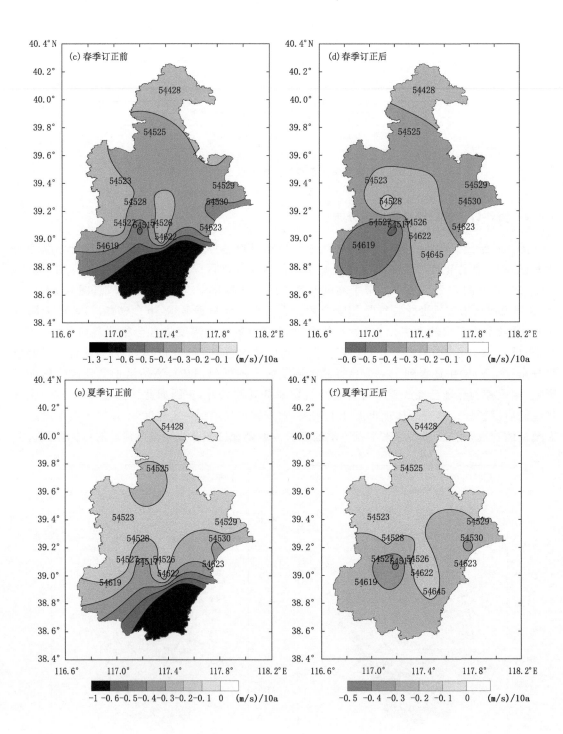

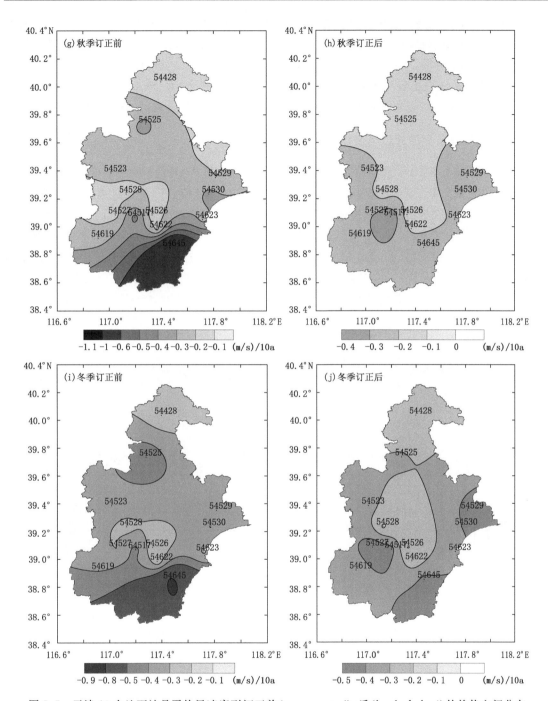

图 5.7 天津 13 个地面站月平均风速序列订正前(a,c,e,g,i)、后(b,d,f,h,j)的趋势空间分布
(a 和 b 代表年;c 和 d 代表春季;e 和 f 代表夏季;g 和 h 代表秋季;i 和 j 代表冬季),
检验的显著性水平 95%,单位:(m/s)/10a

治理受城镇化影响较大台站的同时,相对开阔的乡村环境站便会因为周围不断增加的建筑物
而导致平均风速的显著减少。这也是在未来几十年乡村站的气候环境比城市站恶劣的原因之
一(Si et al.,2014)。

对于季节平均风速趋势的空间分布来说,相比订正前的风速变化(图5.7c、e、g、i),均一性订正使得天津各季节平均风速趋势空间变化更具一致性,基本表现出北部和中部地区趋势减少幅度较小,而西南部(市区一带)均为趋势减少高值区(图5.7d、f、h、j)。其中春、冬季(图5.7d、j)趋势分布特点相似性较高,并且趋势减少幅度相对较大,夏、秋季趋势分布特点基本一致(图5.7f、h),趋势减少幅度相对较小,这与受季风环流影响的天津地区气候特点相吻合。

### 5.4.3　资料订正前后的趋势幅度比较

图5.8给出天津10个订正站基于均一性订正前、后年、季节平均风速的变化趋势。如图5.8所示,订正后(图5.8b)各站平均风速均表现出一致的减少趋势,并通过显著性检验(显著性水平 $\alpha=0.05$),这与目前国内外对我国近地层平均风速趋势变化的研究结果一致(熊敏诠,2015;张志斌 等,2014;Chen et al.,2013;Guo et al.,2011;Fu et al.,2011;邹立尧 等,2010;程思,2010;荣艳淑 等,2008),同时也与其他国家的风速变化研究结果类似(William J et al.,2014;Wan et al.,2010;Pryor et al.,2009)。整个天津地区订正后的年、季节(春、夏、秋、冬)风速平均趋势变化分别为 $-0.277$ (m/s)/10a、$-0.325$ (m/s)/10a、$-0.228$ (m/s)/10a、$-0.223$ (m/s)/10a、$-0.336$ (m/s)/10a(图5.8b),明显小于订正前的($-0.335$ (m/s)/10a、$-0.404$ (m/s)/10a、$-0.271$ (m/s)/10a、$-0.296$ (m/s)/10a、$-0.373$ (m/s)/10a)(图5.8a),这一特点从图5.7风速趋势变化的空间分布中也能体现出。该订正结果与 Li et al.(2011)对1960—2008年北京地区订正后的平均风速趋势变化幅度计算结果基本一致

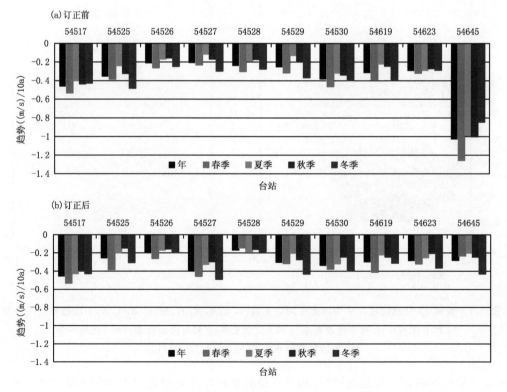

图5.8　天津10个地面站月平均风速序列订正前(a)、后(b)年和季节平均趋势变化,检验的显著性水平95%,单位:(m/s)/10a

（−0.260（m/s）/10a、−0.300（m/s）/10a、−0.120（m/s）/10a、−0.220（m/s）/10a、−0.390（m/s）/10a）（表5.4）。并且从趋势变化特点来看，二者均反映出冬春季平均风速趋势减少幅度相对较大，夏秋季相对较小，这一特点也基本反映在Chen et al.（2013）、Guo et al.（2011）、Fu et al.（2011）、Jiang et al.（2010）、Xu et al.（2006）对中国区域年、季节平均风速变化的研究中。因此，一定程度上能够说明本章订正后的天津地区年、季节平均风速变化与中国大背景区域气候变化特点一致。

但从表5.4给出的前人的研究结果显示，本章的研究结果除了与Li et al.（2011）基本在同一量级外，均比其他前人对中国区域风速趋势变化的研究结果要大。这主要是因为从上述前人的研究中均能得到，对于中国区域来说，华北地区的平均风速减少幅度相对最大，其中，Xu et al.（2006）研究给出1969—2000年中国华北地区年平均风速趋势减少幅度达0.290（m/s）/10a（表5.4），与本章和Li et al.（2011）研究结果类似，所以，地处华北区域的天津在具有大背景气候变化特点的同时，也反映出局地气候变化特征。另一方面，从研究数据来看，Li et al.（2011）对风速原始资料进行了系统的均一性订正（加粗标注）；Xu et al.（2006）、Guo et al.（2011）以及Chen et al.（2013）仅通过元数据人工判断或数学统计方法剔除有显著断点的台站（加星号），但没有对选定台站资料做均一性分析；而Jiang et al.（2010）和Fu et al.（2011）可能由于研究需要并没有对原始基础数据进行质量控制等数据处理。所以，数据的均一性也有可能造成研究结果的不一致（Yan et al.，2016）。但是从京津冀一体化角度来看，本章的研究结果是具有代表性的。

表5.4 当前对中国区域及其局地平均风速趋势变化幅度研究（单位：（m/s）/10a）

| 当前研究 | 时间长度 | 研究区域 | 年 | 春季 | 夏季 | 秋季 | 冬季 |
|---|---|---|---|---|---|---|---|
| Li et al.（2011） | 1960—2008 | 北京 | −0.260 | −0.300 | −0.120 | −0.220 | −0.390 |
| Xu et al.（2006）* | 1969—2000 | 华北 | −0.290 | — | — | — | — |
| Jiang et al.（2010） | 1956—2004 | 中国 | −0.124 | −0.149 | −0.085 | −0.111 | −0.151 |
| Fu et al.（2011） | 1961—2007 | 中国 | −0.130 | — | — | — | — |
| Guo et al.（2011）* | 1969—2005 | 中国 | −0.180 | −0.210 | −0.150 | −0.160 | −0.190 |
| Chen et al.（2013）* | 1971—2007 | 中国 | −0.170 | −0.210 | −0.150 | −0.160 | −0.180 |

注：＊表示数据有显著断点但没有均一化处理。

为了进一步说明本章研究结果的合理性，这里利用Si et al.（2014）研究中对整个华北区域城乡台站类型的划分结果，对天津地区不同类型台站（图5.1）年、季节平均风速趋势变化进行对比分析。如表5.5所示，订正前后城乡区域年、季节平均风速均呈显著减少趋势（显著性水平 $\alpha = 0.05$），与整个天津地区风速趋势变化一致（图5.8）。但从变化幅度来看，与订正前不同，订正后城市区域平均风速趋势减少幅度均大于乡村区域，这一结果更加符合城市化导致的气候变化特点（Zhu et al.，2017；Cui et al.，2012；周淑贞 等，1994）。利用城—乡区域趋势差值代表城市化影响幅度得到，城市化造成的天津地区年平均风速趋势减少幅度达−0.046（m/s）/10a，该结果与Li et al.（2011）研究得到的北京地区城市化对风速的影响幅度一致（−0.050（m/s）/10a），并且均比Xu et al.（2006）和Jiang et al.（2010）对整个中国地区城市化造成的风速减少程度要大（−0.020（m/s）/10a、−0.010（m/s）/10a）。然而，这些变化特点在订正前平均风速的城乡台站中并没有体现出。

**表 5.5　天津地区城乡台站订正前后年和季节平均风速序列的趋势变化(乡村站时间长度为 1959—2014 年;城市站时间长度为 1958—2014 年,检验的显著性水平 95%,单位:(m/s)/10a)**

|  | 订正前 | | 订正后 | |
|---|---|---|---|---|
|  | 乡村站 | 城市站 | 乡村站 | 城市站 |
| 年 | −0.296 | −0.279 | −0.262 | −0.308 |
| 春季 | −0.347 | −0.336 | −0.353 | −0.380 |
| 夏季 | −0.212 | −0.256 | −0.200 | −0.273 |
| 秋季 | −0.254 | −0.252 | −0.202 | −0.229 |
| 冬季 | −0.384 | −0.314 | −0.310 | −0.385 |

### 5.4.4　与地转风速趋势变化比较

参照 Wang et al.(2009)及 Wan et al.(2010)研究中地转风速的计算方法,通过 5.2.1 节中 SNHT 参考序列的建立方法来形成每个地面站的气压三角,基于地面观测逐日本站气压资料来对天津各站的地转风速进行计算,结果如表 5.6 所示。地转风速计算过程中采用的逐日本站气压资料来自《中国国家级地面气象站基本气象要素日值数据集(V3.0)》,该数据集同样基于国家气象信息中心"基础气象资料建设专项"得到,其各要素项数据实有率普遍在 99% 以上,数据正确率均接近 100%,较以往发布的地面同类数据产品质量和完整性均有明显提高,一定程度上保证了地转风速计算结果的可靠性。

**表 5.6　天津 13 个地面站对应的气压三角及其地转风速的年和季节变化趋势**

| 站号 | 气压三角 | 时间长度(年) | 趋势((m/s)/10a) | | | | |
|---|---|---|---|---|---|---|---|
|  |  |  | 年 | 春季 | 夏季 | 秋季 | 冬季 |
| 54428 | 54523-54529-54619 | 1964—2014 | −0.011* | −0.011* | −0.013* | −0.011 | −0.008 |
| 54517 | 54523-54529-54619 | 1964—2014 | −0.011* | −0.011* | −0.013* | −0.011 | −0.008 |
| 54523 | 54525-54529-54619 | 1964—2014 | −0.017* | −0.018* | −0.022* | −0.017* | −0.013* |
| 54525 | 54523-54529-54619 | 1964—2014 | −0.011* | −0.011* | −0.013* | −0.011 | −0.008 |
| 54526 | 54528-54619-54623 | 1962—2014 | 0.005 | 0.004 | 0.002 | 0.004 | 0.006 |
| 54527 | 54428-54523-54619 | 1961—2014 | −0.031 | 0.001 | −0.070* | −0.036 | −0.014 |
| 54528 | 54525-54526-54619 | 1962—2014 | −0.033* | −0.035* | −0.043* | −0.036* | −0.017 |
| 54529 | 54523-54525-54619 | 1962—2014 | −0.039 | −0.063* | −0.014 | −0.042 | −0.034 |
| 54530 | 54525-54529-54623 | 1964—2014 | −0.056* | −0.053* | −0.063* | −0.057 | −0.048 |
| 54619 | 54517-54523-54525 | 1962—2014 | −0.038 | −0.051* | −0.031 | −0.038 | −0.028 |
| 54622 | 54525-54530-54619 | 1974—2014 | −0.011 | −0.009 | −0.003 | −0.015 | −0.014 |
| 54623 | 54428-54523-54526 | 1959—2014 | 0.001 | −0.024 | −0.032 | −0.058* | −0.009 |
| 54645 | 54526-54530-54623 | 1974—2014 | −0.112* | −0.116* | −0.093* | −0.112* | −0.112* |

注:表中 * 表示通过显著性水平 $\alpha = 0.05$。

从表 5.6 统计得到的各站地转风速趋势变化显示,近 50 多年来,天津各站年、季节地转风速基本呈减小趋势,这与对应的地面平均风速长时间趋势减少变化一致(图 5.8b),说明天津地区的风速减弱变化一定程度上受到系统环流减弱的影响,这在 Xu et al.(2006),Jiang et al.(2010)以及 Guo et al.(2011)对我国平均风速的研究中均有所体现。从变化幅度看,每个站年、季节地转风趋势变化幅度基本相当,均没有对应的地面平均风速趋势减小幅度明显(图5.8b)。但该变化幅度与张爱英等(2009)对我国高空风速趋势变化分析结果基本在同一数量级,同时与 Wang et al.(2009)研究得到的东北大西洋 4 个季节标准化地转风速的第 95 和第99 个百分位序列 Kendall 趋势变化类似。所以从大环流背景影响角度,均一性订正后的天津地面平均风速序列表现出的趋势减小幅度明显减缓是更为合理的(图 5.8b)。然而,对于天津站(54527)和宁河站(54529)订正后的年、季节平均风速长时间变化趋势相对订正前表现出的显著减小(图 5.8b),可能受大气环流影响之外,还受到明显的城市化等人类活动的影响(Xu et al.,2006;Guo et al.,2011;Azorin-Molina et al.,2014)。结合 5.4.3 节的分析结果,基于订正后的风速数据统计得到城市化对天津地区年平均风速趋势减小贡献达 16.1% 左右。另外,台站探测环境等历史遗留问题也是影响风速长时间序列不连续的主要因素,订正后的天津站(54527)反映出台站周围环境更具城市化代表性,而订正后的宁河站(54529)则是反映出台站受到日益严峻的城市化进程影响使其不具有局地气象环境代表性。因此,从以上分析来看,订正后的平均风速序列能够很好地反映出天津区域和局地环境的真实气候变化特点。

### 5.4.5　与同类数据产品的比较分析

CMA 均一化平均风速数据集优化了加拿大环境部发展的由海平面气压计算出的地转风作为风速参考序列的方法,构建中国东部地区风速资料的参考序列,在西部地区采用单站检验结合邻近站优选构建参考序列的方法。通过 RHtest 方法结合台站元数据有效去除了风速序列中由于台站迁移、仪器变更等原因造成的人为突变,并且利用该数据得到的地面平均风速变化趋势能够更为真实地反映出中国区域长期气候变化的自然规律。

误差分析中主要用到标准误差(standard error, SE)和平均绝对误差(mean absolute error, MAE)两种统计量,具体方法参见文献司鹏等(2015b)。

从图 5.9 给出的误差概率密度分布图来看,SE(图 5.9a)和 MAE(图 5.9b)两种统计量分别得到的两类风速数据年和季节误差基本相当。从误差范围来看,MAE(图 5.9b)得到的年和季节误差值基本小于 SE(图 5.9a),说明本章得到的均一化风速数据与 CMA 的误差平均值较小。两类数据年和季节 MAE 误差范围在 0.2~0.4 m/s 的概率密度为 1.3 以上,其中秋季达 1.7 以上;对于 SE 来说,概率密度达 1.0 以上的误差范围则主要集中在 0.3~0.6 m/s。从各个站的误差大小比较来看(表 5.7),两类年和月平均风速的 MAE 在[0, 1.0 m/s]的台站数除 2 月为 92.3% 以外,其他月均达到 100%;而 SE 在该范围的台站比例相对较少,但也均达到了 84.6% 以上。其中出现误差较大的台站主要表现在市台(54517)和天津站(54527),两个台站两类风速数据年和月 SE 的平均误差分别约为 1.1 m/s、1.0 m/s,而对应 MAE 分别约为0.7 m/s、0.8 m/s。这可能主要与数据预处理方式有关,对于 CMA 数据来说,其只是简单的将两个台站 1991 年 12 月 31 日之前的台站号进行了互换,并没有更换数据,可能会造成两类风速数据均一性检验过程中断点的不同,进而导致数据订正结果的差异。

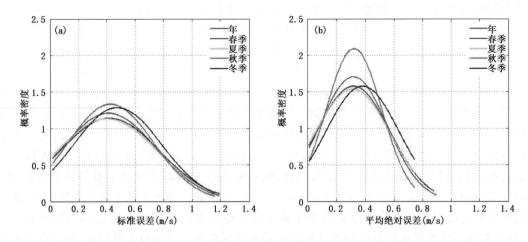

图 5.9  本章与 CMA 订正后资料的标准误差(a)和平均绝对误差(b)概率密度分布

表 5.7  本章与 CMA 订正后资料误差在 0~1.0 m/s 的台站比例(单位:%)

|  | 1月 | 2月 | 3月 | 4月 | 5月 | 6月 | 7月 | 8月 | 9月 | 10月 | 11月 | 12月 | 年 |
|---|---|---|---|---|---|---|---|---|---|---|---|---|---|
| SE | 84.6 | 84.6 | 84.6 | 92.3 | 92.3 | 84.6 | 92.3 | 92.3 | 92.3 | 92.3 | 92.3 | 84.6 | 92.3 |
| MAE | 100 | 92.3 | 100 | 100 | 100 | 100 | 100 | 100 | 100 | 100 | 100 | 100 | 100 |

在气候资料的均一性分析中,台站元数据记录的详尽与否对时间序列断点的判断起着关键作用(Aguilar et al.,2003)。本章在详细了解各地面观测站历史沿革情况下进行了数据预处理,避免原始资料本身的非均一性问题影响序列的断点判断。另外,在断点的订正过程中,为尊重第一手观测资料的合理性,我们仅对有可靠元数据支持的断点进行了订正,而并没有像CMA 数据同时对检验得到显著性较高无元数据支持的断点也进行了订正。所以,本章订正结果相对保守。但总的来看,0~1.0 m/s 是风力等级为 1 级,风速仅为轻风的中值范围(《地面气象观测规范》),误差幅度很小。同时,根据 CMA 数据评估报告,仪器变更和迁站也是造成其风速序列非均一性的主要原因,与本章研究结果一致。所以,就像李庆祥(2016)对我国气候资料均一性研究论述中提到的那样,不同研究者(或团队)对同一个气候时间序列的均一性订正可能有一定的差异,但这种差异范围应有一定限度。因此,对于天津地区来说,订正后的平均风速序列与 CMA 的相符率和一致性还是相对较高的,从而说明本章研究结果也是相对可靠的。

本章采用国家气象信息中心"基础气象资料建设专项"研制的中国地面历史基础气象资料,针对不同台站分别采用 SNHT 和 P-E 技术两种统计方法建立参考序列,通过 RHtestsV4方法结合详尽台站元数据对天津地区近 60 年的 2 min 逐月平均风速资料进行了均一性分析,得到以下结论:

(1)通过检验发现,天津地区的平均风速资料普遍存在非均一性问题,存在显著断点的台站占台站总数的 77%,其中,出现 4 个及以上断点的台站居多,占断点台站的 60%。结合台站元数据分析显示,迁站造成风速序列出现断点的个数相对最多,约占总断点数的 36%;其次为仪器变更和自动站业务化的影响,造成的断点个数分别约占总断点数的 33%和 29%。但通过对各台站序列突变的具体原因分析表明,仪器变更是导致天津地区逐月平均风速序列突变的主要原因,包括仪器换型和同类仪器高度的变化,而仪器换型则是其中的重要影响因子。

(2)利用 QM 法对各台站风速序列检验得到的断点进行订正,得到总的正偏差订正量要多于负偏差量,分别约占 55.4% 和 44.6%,并且 85% 的正偏差订正量集中在 0.2~1.2 m/s,而对应 80% 的负偏差订正量则集中在 -0.1~-1.2 m/s,订正量的均值和中值分别为 0.03 m/s 和 0.3 m/s。

(3)比较分析均一性订正前后月平均风速的方差得到,均一性订正大大减小了非均一性因素导致的平均风速离散程度较大的影响,提高了各站平均风速的稳定性,同时也改善了部分台站因局地环境影响而导致的序列不连续现象。

(4)比较分析均一性订正前后月平均风速的趋势变化得到,订正使得天津地区风速趋势的空间分布更加符合该地区的城市气候变化特征,并且使得各季节平均风速趋势空间变化更具一致性。从趋势变化幅度来看,整个天津地区订正后的年、季节(春、夏、秋、冬)风速平均趋势变化分别为 -0.277 (m/s)/10a、-0.325 (m/s)/10a、-0.228 (m/s)/10a、-0.223 (m/s)/10a、-0.336 (m/s)/10a,该订正结果与 Li et al.(2011)对北京地区订正后的平均风速趋势变化幅度计算结果基本一致。并且趋势变化也反映出了冬春季平均风速趋势减少幅度相对较大,夏秋季相对较小,这一特点也基本反映在 Xu et al.(2006)、Jiang et al.(2010)、Guo et al.(2011)、Fu et al.(2011)、Chen et al.(2013)对中国区域年、季节平均风速变化的研究中。同时,与地转风趋势比较发现,订正后的平均风速序列无论从趋势变化特点还是变化幅度相比订正前的更为合理。

(5)通过与 CMA 的误差分析得到,MAE 得到的年和季节误差值基本小于 SE,说明两类风速数据的误差平均值较小。并且 MAE 值在[0,1.0m/s]范围内的台站比例除了 2 月为 92.3% 以外,其他年或月均达到 100%,对应 SE 也均达到 84.6% 以上。表明本章得到的均一化平均风速数据与 CMA 的一致性较高,具有一定的可靠性。但对于出现误差较大的台站数据分析发现,本章在数据处理过程中,根据台站实际情况首先对基础数据做的预处理更有利于之后的均一化分析结果。

本章通过 PMT 和 PMF 两种检验方法对省级区域的逐月平均风速资料进行了均一性检验和订正,取得了较为合理的修正结果。但是,在资料处理过程中,由于人为经验的不同或是台站元数据信息记载的不够全面等主观因素的影响,可能会造成个别断点位置判断的失误,进而导致序列订正的偏差;另外,风速资料本身的概率分布属于非正态分布,尽管检验过程中对其进行了标准化处理,使其近似服从正态分布,但这种分布特性并不能完全符合均一性检验中的统计假设。因此,对于订正后的逐月平均风速资料只能说是"相对均一",而不是"绝对均一"。然而,从应用价值角度来看,订正后的风速资料能够大大改善天津气候资料的质量,减少业务和科研工作中的不确定性,为数据的使用提供保障。

# 第6章　近百年河北保定气温序列均一化与序列重建

长时间连续的气候时间序列是进行气候分析和气候变化研究的基础,气温无疑是其中最重要的因子之一(唐国利 等,2009;李庆祥 等,2008b;施能 等,1995;Steurer,1985)。目前国际上最具代表性的气温数据集主要有 Jones et al.(2012)、Hansen et al.(2010)、Peterson et al.(1997)及 Jones(1994)建立的平均温度序列,其成果为全球或半球尺度的百年气温变化研究提供了数据基础。近年来,我国学者针对百年尺度气温序列的构建开展了多方面的研究工作。20 世纪 90 年代,王绍武(1990)依据现代气温观测记录,建立了 1380 年以来我国华北地区各季 10 年平均气温距平序列,该项工作为全面深入认识我国历史时期气温变化奠定了基础。在此基础上,王绍武等(1998)根据气温观测,利用冰芯、树木年轮资料及有关史料建立了我国 10 个区域 1880—1996 年的年平均气温序列,通过加权平均得到代表中国的气温序列,系统分析了我国气温增暖的变化情况。另外,在对我国西部、华中及华南地区历史长年代气温序列的恢复和重建过程中,许多研究也主要使用了树木年轮、冰芯、历史文献信息等代用资料(郑景云 等,2015;丁玲玲 等,2013;陈峰 等,2009;张同文 等,2008;汪青春 等,2005;靳立亚 等,2005;郑景云 等,2003),其成果对揭示我国气候的周期性、多尺度变化特征具有重要意义。

而针对 1990 年代以来气温序列的构建,研究者大多主要通过统计方法,利用周边相关性较好的台站气温观测资料对目标序列进行插补(彭嘉栋 等,2014;李正泉 等,2014;任永建 等,2010)。由于历史原因,我国 1951 年以前的气温序列不但缺测较多、资料不完整,还由于实际观测中的台站迁移、仪器变更、观测场周边环境改变等不可避免地造成了长期观测资料中存在着非均一性问题,从而导致其无法真实地揭示气候变化信号(李庆祥 等,2010;唐国利 等,2009)。同时,在以往气温百年序列的重建工作中,前人的研究成果大多仅考虑序列的恢复,对建立的序列均一性并未进行考量。所以,建立完整均一的长时间气温序列是改进我国百年平均气温序列质量首先需要解决的问题。

河北保定地处京津冀三角腹地,是京津冀一体化格局的区域中心城市(孟祥林,2015),探讨其气温变化规律能够为我国华北地区气候变化研究提供重要支撑。本章拟通过对保定气象站 1913—2014 年气温月值中缺测数据的插补及插补后序列的均一性分析,来建立保定站百年逐月气温序列。并通过与探测环境一致的周边站气温序列的综合对比,对其合理性进行评估,从而为华北地区气候分析和研究提供可靠的百年尺度基础数据。

## 6.1　河北保定百年气温资料整理与处理

### 6.1.1　保定气象站历史沿革情况

保定气象站位于保定市清苑县的乡村地区(图 6.1),是保留着百年历史气温资料的典型台站之一,但由于该站 1951 年以前存在资料源多样且缺测较多的现象,并且根据台站沿革信息显示(表 6.1),20 世纪 50 年代起,该站已经经历了 3 次迁站,造成的探测环境改变、仪器变更等,使得长时间尺度的气温资料缺乏完整性、连续性和均一性,无法得到很好的应用。

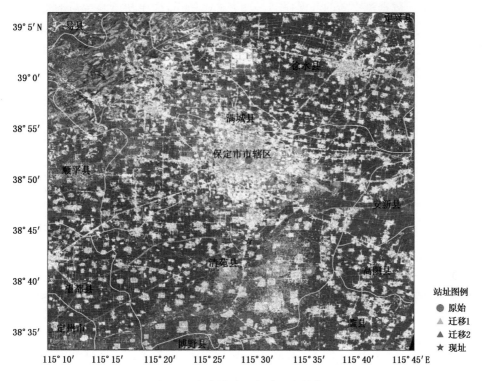

图 6.1　保定站站址变动历史沿革图

**表 6.1　保定站历次迁站信息**

| 迁站次数 | 迁站时间 | 经度 | 纬度 | 海拔高度(m) | 探测环境 | 迁站方位 |
|---|---|---|---|---|---|---|
| 第一次 | 1954 年 12 月 1 日 | 115°34′E | 38°53′N | 21.9 | 郊外 | 不详 |
| 第二次 | 1958 年 1 月 1 日 | 115°34′E | 38°50′N | 17.2 | 郊外 | 东南方向 2.5 km |
| 第三次 | 2011 年 1 月 1 日 | 115°29′E | 38°44′N | 16.8 | 乡村 | 南西南方向 12.9 km |

### 6.1.2　资料来源

1951 年以前的数据,保定站主要来自中国科学院地球物理研究所 1954 年编印的《中国气温资料》;邻近站数据主要来自国家气象信息中心 2002 年建立的《中国长年代温度数据集》及 2009 年建立的《全国 60 个重点城市长时间序列气温数据集》。1951 年以后的数据,均来自国家气象信息中心 2014 年建立的经过严格质量控制的《中国地面气象要素月值数据集》。本章选取 1913—2014 年逐月平均气温、平均最高气温和平均最低气温资料进行分析。

本章用到的我国中东部百年月平均气温资料来自国家气象信息中心 2013 年建立的《中国中东部百年均一化气温月值序列(V1.0)》,该均一化气温序列能够很好地代表中国中东部地区的气候变化特征(Cao et al.,2013)。

### 6.1.3　资料插补

以《中国气温资料》中的逐月平均气温、平均最高气温和平均最低气温资料作为保定站1951年以前的基础数据建立新的气温序列。如表6.2所示,介于初步整合后的保定站气温数据缺测量较大,连续缺测年份主要出现在1938—1943年和1949—1954年,缺测率达14.8%。因此,为了恢复时间序列的完整性,本章拟综合利用多种插补方法,与周边邻近站建立统计关系对保定站缺测资料进行插补。

**表6.2　保定站与邻近站气温资料完整性信息**

| 站号 | 站名 | 海拔高度(m) | 探测环境 | 起始年份 | 缺测月数 | 连续缺测年 | 缺测率(%) |
|------|------|-----------|---------|---------|---------|-----------|----------|
| 54602 | 保定 | 16.8 | 乡村 | 1913/12 | 181 | 1938—1943、1949—1954 | 14.8 |
| 54527 | 天津 | 3.5 | 郊外 | 1890/09 | 8 | 1890 | 0.5 |
| 54511 | 北京 | 31.3 | 郊区 | 1915/05(04) | 60(54) | 1938—1939 | 5(4.5) |

注:表中括号里为北京站最低气温序列的统计信息。

关于气温缺测资料的恢复方法国内外已有很多研究(杨青 等,2009;李庆祥 等,2008b;Hegerl et al.,2007;黄嘉佑 等,2004)。最近,余予等(2012)利用标准化序列法对我国1971—2000年2000多个国家级地面站逐日平均气温序列进行了插补试验,进而为Cao et al.(2013)建立我国中东部百年均一化气温月值序列奠定了基础。此外,王海军等(2008)采用以最小绝对误差为目标函数求取模型参数的最小二乘法与标准化序列法插补结果平均的综合插补法,对湖北蔡甸气象站1961—2006年逐日气温资料进行了插补试验,得到较为理想的插补结果。陈鹏翔等(2014)使用多元回归分析法对新疆1961—2010年105站月平均气温数据进行了重建,通过与实际观测值的误差分析,得到采用多元回归法重建的模拟预估值具有较高精度,能较好地反映当地月尺度气温变化规律和特征。

由此,本章拟采用标准化序列法和多元线性回归法两种插补方法,同时对保定站1913—2014年连续缺测年份的逐月气温(平均气温、最高气温和最低气温)资料进行插补,通过比较分析插补结果,选取相对合理的插补序列,建立保定站完整的百年气温原始序列。标准化序列法和多元线性回归法均是利用邻近站观测值对待插补站进行插补的方法,计算过程中均假设保定站某年第$i$月月值气温数据缺测,利用邻近站月值资料对其进行估计。具体计算步骤参考了余予等(2012)和黄嘉佑(2000)的技术思路。

选取的邻近站以保定站为中心选取水平距离300 km以内的邻近站时间序列,起始年份在1913年以前,完整性较好,探测环境相对一致,并且海拔高度需符合文献(Cao et al.,2013;余予 等,2012)的限制条件。根据以上条件,最终确定了天津站和北京站作为邻近站,资料完整性信息如表6.2所示。

在数据插补前,对选定两个邻近站的逐月气温(平均气温、平均最高气温和平均最低气温)资料进行了初步的质量控制,主要步骤与文献Si et al.(2014)一致。经人工核实如出现不合理的数值,均做缺测处理。

### 6.1.4　插补数据的误差检验

采用交叉检验法(Allen et al.,2001)对上述两种插补模型得到的保定站缺测记录的插补

表 6.4　两种方法得到的保定站逐月气温插补值与实际观测值的相关系数

| 月份 | 平均气温 | | 最高气温 | | 最低气温 | |
| --- | --- | --- | --- | --- | --- | --- |
| | 标准化 | 多元回归 | 标准化 | 多元回归 | 标准化 | 多元回归 |
| 1 月 | 0.843 | 0.828 | 0.860 | 0.784 | 0.605 | 0.396 |
| 2 月 | 0.939 | 0.935 | 0.930 | 0.922 | 0.868 | 0.830 |
| 3 月 | 0.955 | 0.957 | 0.970 | 0.962 | 0.908 | 0.907 |
| 4 月 | 0.927 | 0.928 | 0.738 | 0.556 | 0.742 | 0.782 |
| 5 月 | 0.800 | 0.686 | 0.590 | 0.558 | 0.656 | 0.692 |
| 6 月 | 0.742 | 0.727 | 0.804 | 0.214 | 0.688 | 0.547 |
| 7 月 | 0.794 | 0.441 | 0.775 | 0.439 | 0.819 | 0.435 |
| 8 月 | 0.745 | 0.431 | 0.755 | 0.197 | 0.403 | 0.708 |
| 9 月 | 0.712 | 0.506 | 0.709 | 0.368 | 0.678 | 0.605 |
| 10 月 | 0.796 | 0.774 | 0.885 | 0.650 | 0.618 | 0.705 |
| 11 月 | 0.908 | 0.893 | 0.889 | 0.865 | 0.834 | 0.829 |
| 12 月 | 0.847 | 0.869 | 0.870 | 0.869 | 0.820 | 0.760 |

注:表中粗体表示通过 0.05 的显著性检验。

## 6.2.3　与同区域其他研究比较

为了更进一步检验插补结果的可信性,这里对两种统计方法插补得到的保定站百年气温月值序列的气候特征与同区域前人的研究做了比较分析。

表 6.5 给出保定站百年气温序列与张媛和任国玉(2014)、郭军等(2011)对北京、天津气温百年趋势变化规律的比较。如表 6.5 所示,标准化序列法插补得到的平均气温、平均最高气温和平均最低气温序列趋势变化幅度均要小于多元线性回归法的插补结果,并且与同一气候区周边站的百年气温趋势变化幅度基本一致,特别是与天津百年气温变化趋势更为一致,二者平均气温和最低气温均表现为显著增暖趋势,但最高气温线性变化趋势不显著。由此,这里进一步分析了保定站两种插补结果年尺度气温序列的年代际变化(图 6.3),并与郭军等(2011)结果进行对比。

表 6.5　保定站与同区域周边站年平均温度序列趋势的比较

| 要素 | 保定 | | 北京 | 天津 |
| --- | --- | --- | --- | --- |
| | 标准化 | 多元回归 | 张媛和任国玉(2014) | 郭军等(2011) |
| 平均气温(℃/10a) | 0.121 | 0.142 | 0.137 | 0.130 |
| 最高气温(℃/10a) | −0.039 | 0.053 | 0.014 | −0.02 |
| 最低气温(℃/10a) | 0.280 | 0.324 | 0.260 | 0.280 |

注:本章(保定站)、张媛和任国玉(2014)(北京站)、郭军等(2011)(天津站)研究的序列时间段依次为 1913—2014、1915—2012、1910—2009。

对于保定站百年气温序列的恢复,主要集中在 1954 年以前,因此,从图 6.3 中可以看出,两种插补结果的差异主要表现在 1913—1954 年,标准化序列法插补得到的气温距平序列的连续性比多元线性回归好。如图 6.3 所示,多元线性回归插补的平均气温、最高气温和最低气温距平序列均在 1913、1938 和 1939 年出现异常值,在内部一致性检验中同样也发现了多元线性回

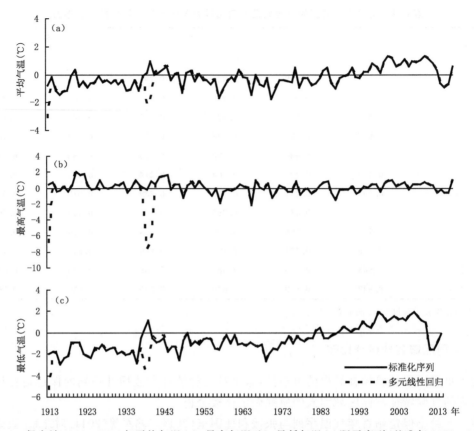

图 6.3　保定站 1913—2014 年平均气温(a)、最高气温(b)、最低气温(c)距平序列(基准年 1971—2000)

归法的结果有逻辑错误,其中 33 个月的数据存在平均气温高于最高气温或低于最低气温的现象,集中出现在 1913—1940 年,但在标准化序列法的插补结果中并未发现。同时,标准化序列法插补序列的年代际变化特点与郭军等(2011)对天津地区的研究结果更具相似性,其得到保定百年平均气温(图 6.3a)有两个缓慢的增暖阶段,分别是 20 世纪 10 至 40 年代和 70 年代以后;最高气温距平序列(图 6.3b)则是以 0 点为中心存在明显的年代际波动,90 年代以后气温相对较高;最低气温(图 6.3c)在 20 世纪 10 至 20 年代处于较低阶段,70 年代以后呈持续的增暖趋势。

　　另外,本节还分别计算了两种插补序列 1913—1994 年冬季和夏季平均气温的年代距平值(表 6.6,表 6.7)。如表 6.6 所示,两种插补序列冬季年代距平值基本一致,并且与谢庄等(2000)采用 1 月作为冬季代表月分析的结果基本一致。但对于夏季来说,如表 6.7 所示,相对多元线性回归法,标准化序列法得到的序列距平值在变化幅度及变化特点上与谢庄等(2000)采用 7 月代表月的研究结果更一致。

表 6.6　保定站与同区域周边站冬季平均气温的年代距平值比较(基准年 1961—1990 年,单位:℃)

| 年份 | 1910 | 1920 | 1930 | 1940 | 1950 | 1960 | 1970 | 1980 | 1990—1994 |
|---|---|---|---|---|---|---|---|---|---|
| 标准化 | −0.9 | −1.0 | −0.4 | −0.1 | −0.2 | −0.6 | 0.1 | 0.4 | 1.8 |
| 多元回归 | −0.9 | −1.0 | −0.2 | −0.1 | −0.2 | −0.6 | 0.1 | 0.4 | 1.8 |
| 谢庄等(2000) | −0.5 | 0.5 | −0.3 | 0.0 | 0.0 | 0.3 | 0.5 | 0.7 | 1.8 |

注:表中谢庄等(2000)研究台站为北京站,表 6.7 同

表 6.7　保定站与同区域周边站夏季平均气温的年代距平值比较(基准年 1961—1990 年,单位:℃)

| 年份 | 1910 | 1920 | 1930 | 1940 | 1950 | 1960 | 1970 | 1980 | 1990—1994 |
|---|---|---|---|---|---|---|---|---|---|
| 标准化 | 0.3 | 0.5 | 0.4 | 0.8 | −0.1 | 0.2 | −0.3 | 0.1 | 0.2 |
| 多元回归 | −1.1 | 0.5 | −1.6 | 0.9 | 0.0 | 0.2 | −0.3 | 0.1 | 0.2 |
| 谢庄等(2000) | −0.4 | 0.7 | 0.4 | 0.4 | −0.4 | 0.2 | −0.5 | 0.2 | 0.1 |

因此,综合上述分析结果,本章拟采用标准化序列法插补得到的逐月平均气温、平均最高气温和平均最低气温序列作为建立保定站 1913—2014 年百年气温月值序列的原始数据。

## 6.3　百年气温资料的均一化分析

利用 PMF 法对插补后的保定站 1913—2014 年气温月值序列进行均一性检验。如表 6.8 所示,该站逐月气温序列的均一性相对较好,仅检测出最低气温序列存在 2 个显著断点,检验统计量值均高于信度 95% 上限。从时间上看,均出现在 20 世纪 50 年代以后,从而也说明了标准化序列法插补结果的可靠性。对于导致断点的原因,查阅台站元数据得到,分别由同类型仪器的更换和台站迁移导致,而这两个原因也是造成气温时间序列不连续的重要因素(Allen et al., 2001)。

表 6.8　保定站最低气温月值序列均一性检验信息

| 待检序列 | 断点时间 | 检验统计量值 | 95%置信区间 | 断点原因 |
|---|---|---|---|---|
| 最低气温 | 1979-08 | 40.4 | [21.1,26.2] | 仪器变更 |
| | 2011-01 | 107.7 | [20.5,25.4] | 迁站 |

图 6.4 给出保定站均一性订正前后月序列平均得到的年平均最低气温序列。如图 6.4 所示,订正后的气温值普遍小于订正前。根据台站元数据信息显示,保定站于 2011 年 1 月 1 日由市区迁到了乡村,距离原址 12.9 km,显然,探测环境的改变是明显的,导致最低气温呈现降低突变,而均一性订正则校正了迁站对最低气温带来的影响。

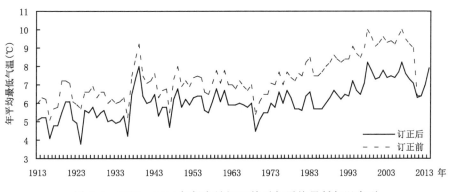

图 6.4　1913—2014 年保定站订正前后年平均最低气温序列

## 6.4　百年气温资料的气候检验

### 6.4.1　与邻近单站百年气温均一化月值序列比较

Cao et al. (2013)基于不同来源的中国百年器测气温资料,在对其融合拼接及质量控制基础上,综合多种方法进行了资料插补及均一性检验与订正,建立了中国中东部地区 18 个代表站的百年气温月值序列。本节选取其中的北京和天津两个台站资料,拟通过相关性及趋势变化的对比分析,来评估本章建立的保定站百年气温月值序列的可靠性。由于 Cao et al. (2013) 研究的平均气温序列是采用最高和最低气温的平均求得,所以,本节采用的对比序列一是保定站月最高和最低气温的平均(54602 平均),二是保定站的月平均气温(54602)。

如表 6.9 所示,无论是保定站的月最高和最低气温的平均求得的平均序列还是月平均气温序列均与北京、天津及两个站序列平均求得的平均气温序列呈显著正相关。并且从得到的相关系数来看,均与北京和天津平均得到的月气温序列相关性较高,基本达到 0.8 以上。一定程度上可以说明,本章建立的保定站百年气温月值序列与周边邻近站具有一致的气候变化特征。

表 6.9　保定站与北京及天津站百年月平均气温序列的相关系数

| 月份 | 54602 平均 | | | 54602 | | |
|---|---|---|---|---|---|---|
| | 北京 | 天津 | 平均 | 北京 | 天津 | 平均 |
| 1 月 | 0.826 | 0.846 | 0.864 | 0.859 | 0.840 | 0.879 |
| 2 月 | 0.915 | 0.908 | 0.929 | 0.940 | 0.927 | 0.951 |
| 3 月 | 0.956 | 0.955 | 0.969 | 0.940 | 0.954 | 0.960 |
| 4 月 | 0.812 | 0.786 | 0.815 | 0.926 | 0.921 | 0.945 |
| 5 月 | 0.871 | 0.845 | 0.904 | 0.864 | 0.824 | 0.889 |
| 6 月 | 0.841 | 0.793 | 0.860 | 0.816 | 0.767 | 0.834 |
| 7 月 | 0.806 | 0.787 | 0.877 | 0.796 | 0.775 | 0.864 |
| 8 月 | 0.795 | 0.675 | 0.814 | 0.797 | 0.715 | 0.836 |
| 9 月 | 0.726 | 0.669 | 0.769 | 0.721 | 0.657 | 0.758 |
| 10 月 | 0.815 | 0.735 | 0.821 | 0.870 | 0.768 | 0.868 |
| 11 月 | 0.902 | 0.901 | 0.929 | 0.904 | 0.891 | 0.925 |
| 12 月 | 0.877 | 0.895 | 0.916 | 0.889 | 0.850 | 0.900 |

注:表中数据均通过 0.05 的显著性检验;"平均"代表北京和天津两站月平均序列的平均值。

图 6.5 给出了保定站与北京、天津两个站的平均气温距平序列。如图 6.5 所示,保定站 54602 平均和 54602 两条气温距平序列的年代际变化基本一致,20 世纪 30 年代中期以前、40 年代中期以后到 70 年代末期负距平变化明显,而 20 世纪 80 年代末期以后基本呈现正距平变化。从序列对比来看,保定站两条序列均与北京和天津两站平均得到的气温距平序列的年代际变化特点一致性较高,说明本章建立的保定站百年平均气温序列具有一定的区域代表性,并且趋势变化统计结果也得到了相同的结论。1913—2014 年保定站 54602 平均、北京和天津两

站的平均、保定站 54602 这 3 条气温序列的增温趋势分别为 0.092 ℃/10a、0.087 ℃/10a 和 0.121 ℃/10a。

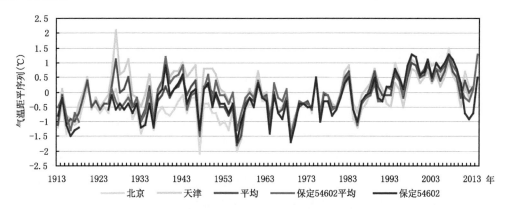

图 6.5　保定站与邻近单站平均气温距平序列比较(基准年 1971—2000 年)
("平均"代表北京和天津站两条月平均序列的平均值)

## 6.4.2　与中东部区域百年气温均一化月值序列比较

为避免仅利用单站序列作为参考站可能带来的局限性,本节拟与整个中东部区域百年均一化气温序列进行比较,来进一步对建立的保定站百年气温序列的可靠性进行评估。从 Cao et al.(2013)研究的 18 个地面站中选取起始年份至少在 1913 年以前的,并且与保定站气温序列相关性达 0.60 以上的台站,分别以与保定站月平均气温及月最高和最低气温平均的气温序列的相关系数平方作为权重系数,对选取台站的平均气温序列进行加权平均,得到中东部区域平均的百年气温序列(图 6.6)。

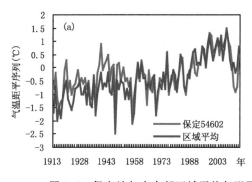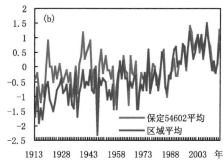

图 6.6　保定站与中东部区域平均气温距平序列比较(基准年 1971—2000 年)

如图 6.6 所示,保定站 54602(图 6.6a)、54602 平均(图 6.6b)两条序列的年际距平值在 20 世纪 50 年代中期以前高于中东部区域平均,可能由于选取的区域平均站中有 50%以上位于东北地区,而该地区增暖显著时段主要集中在 20 世纪 50 年代以后(司鹏 等,2010a,2010b),一定程度上可能会影响区域平均后序列 50 年代以前的距平值。但从年代际变化特征来看,保定站与区域平均序列基本一致,并且二者在 60 年代末期以后距平值的变化幅度也基本在同一量级,特别是 54602 平均序列(图 6.6b)。另外,通过统计显示,与区域平均的趋势变化特点一致,1913 年以来保定站两条平均气温序列均呈显著的增暖变化,54602、54602 平均及其对应区域平均序列的增暖趋势分别为 0.121 ℃/10a、0.204 ℃/10a、0.092 ℃/10a 和 0.191 ℃/10a。

因此,结合邻近单站的分析结果能够得到,本章建立的保定站百年气温月值序列是相对可靠的。

基于多源的逐月平均气温、平均最高气温和平均最低气温资料,通过数据整合、缺测值插补及均一性分析,建立了保定站 1913—2014 年百年气温月值序列,并通过与探测环境相对一致的气候序列对比,对该百年序列进行了评估,得到如下结论:

(1)本章同时采用标准化序列法和多元线性回归法对经过整合并进行初步质量控制后的保定站气温序列进行了插补。通过交叉检验法,利用插补值与实际观测值的标准均方误差、标准误差、差值比例 3 类指标及相关性对比分析得到,标准化序列法插补的逐月气温序列效果较好,并且该方法得到的插补序列气候特征与其他学者对同区域周边站的研究结果更具一致性。

(2)利用 PMF 法对插补后的保定站 1913—2014 年气温月值序列进行了均一性检验,发现仅最低气温序列存在 2 个显著断点,分别出现在 1979 和 2011 年。查阅台站元数据得到,分别是由同类型仪器更换和台站迁移造成的,并通过 QM 法对其进行了订正。

(3)通过与均一化的邻近单站和我国中东部区域百年气温序列的相关性、趋势变化的对比分析显示,本章建立的保定站百年平均气温序列与邻近单站呈显著正相关,基本达到 0.8 以上。与中东部区域平均序列的年代际和趋势变化特点也相对一致,呈显著增暖变化,54602、54602 平均及其对应区域平均序列的趋势值分别为 0.121 ℃/10a、0.204 ℃/10a;0.092 ℃/10a、0.191 ℃/10a,基本在同一量级内。一定程度上说明了本章建立的保定站百年气温月值序列具有可用性,能够为我国华北地区气候分析和研究提供可靠的百年尺度的基础数据。

本章采用了多种方法来评估插补后和均一性订正后保定站百年气温序列的可靠性,最终得到预期效果。从资料处理技术来看,为了避免人为因素导致的系统误差,插补过程中采用的参考站资料均为原始的仅经过初步质量控制的数据,这与彭嘉栋等(2014)利用均一性订正后的气温序列对缺测资料进行插补的处理方法大有不同。另外,与过去前人研究工作(王绍武等,1998;王绍武,1990)不同的是,为尽可能修正长时间序列中因迁站、仪器变更等非气候因素造成的不连续影响,本章还对插补后数据进行了均一性检验和订正,该研究思路与 Cao et al.(2013)基本一致,并且在资料对比中二者也得到了相对一致的分析结果。遗憾的是,资料分析过程中,由于 20 世纪 40 年代以前保定站元数据信息的缺失,导致均一性分析中无法正确判断 1913—1940 年序列断点的可靠性,进而无法对其进行订正,可能会对研究结果造成一定的影响。因此,针对我国长时间气候序列的重建工作,资料处理和分析方法固然重要,但尽可能收集和详细记载台站元数据信息也是提高数据质量和精度必不可少的重要工作。

$$\begin{cases} nb_0 + b_1 \sum_{i=1}^{n} x_{i1} + \cdots + b_p \sum_{i=1}^{n} x_{ip} = \sum_{i=1}^{n} y_i \\ b_0 \sum_{i=1}^{n} x_{i1} + b_1 \sum_{i=1}^{n} x_{i1}^2 + \cdots + b_p \sum_{i=1}^{n} x_{i1} x_{ip} = \sum_{i=1}^{n} x_{i1} y_i \\ \cdots\cdots\cdots\cdots\cdots\cdots\cdots\cdots\cdots\cdots\cdots\cdots\cdots\cdots\cdots \\ b_0 \sum_{i=1}^{n} x_{ip} + b_1 \sum_{i=1}^{n} x_{ip} x_{i1} + \cdots + b_p \sum_{i=1}^{n} x_{ip}^2 = \sum_{i=1}^{n} x_{ip} y_i \end{cases} \tag{7.5}$$

与标准化序列法一样,保定站与邻近站定量统计关系的建立同样利用 1961—1990 年多年历史降水序列进行估计。公式(7.4)、(7.5)中 $p$ 为邻近站站数,$n$ 为时间序列长度 30 年,$x_i$ 为邻近站某月月值降水量,$y_i$ 为保定站某月月值降水量。

对于建立的保定站与邻近站的定量统计式(式 7.4)是否确有线性关系,需要通过回归方程的显著性检验进行验证,检验统计量 $F$ 如式(7.6)所示。

$$F = \frac{R^2/p}{(1-R^2)/(n-p-1)} \tag{7.6}$$

在显著性水平 $\alpha = 0.05$ 下,若 $F > F_{\alpha=0.05}$,则认为回归方程显著,线性关系成立。其中,$R = \dfrac{\sum_{i=1}^{n}(y_i - \overline{y})(\hat{y}_i - \overline{y})}{\sqrt{\sum_{i=1}^{n}(y_i - \overline{y})^2 \sum_{i=1}^{n}(\hat{y}_i - \overline{y})^2}}$,$\hat{y}_i$、$y_i$ 和 $\overline{y}$ 分别为保定站某月月值降水量的插补值、实际观测值和实际观测值的 30 年平均值。

### 7.1.2.3　邻近站的选取

邻近站主要以保定站为中心选取水平距离 300 km 以内的时间序列起始年份至少在 1913 年以前,完整性较好,探测环境相对一致的,并且海拔高度应满足以下条件(Cao et al.,2013;余予 等,2012):

$$\begin{cases} h_0 < 2500 \text{ m}, \quad |h - h_0| \leqslant 200 \text{ m}; \\ h_0 \geqslant 2500 \text{ m}, \quad |h - h_0| \leqslant 500 \text{ m} \end{cases} \tag{7.7}$$

式(7.7)中 $h$、$h_0$ 分别为邻近站和保定站的海拔高度。根据以上条件,最终确定了天津站和北京站作为邻近站,台站信息如表 7.1 所示。

在数据插补前,对选定两个邻近站的逐月降水量资料进行了初步的质量控制,即分别检验月降水量是否有超出范围 $\left[ \overline{x} \pm N \times \sqrt{\dfrac{1}{n} \sum_{i=1}^{n}(x_i - \overline{x})^2} \right]$ 的极值,其中,$\overline{x}$ 为某月降水量的多年平均值(这里取对应要素的全序列长度),$\sqrt{\dfrac{1}{n} \sum_{i=1}^{n}(x_i - \overline{x})^2}$ 为某月降水量的标准差,研究中取 $N = 3$。经人工核实如出现上述不合理的数值,均做缺省处理。

### 7.1.3　插补数据的误差检验

与余予等(2012)和王海军等(2008)类似,本章同样采用交叉检验法 Allen et al.(2001)对上述两种插补模型得到的保定站缺测记录的插补结果进行比较分析,通过对比插补值与实际观测值的误差大小来评估插补效果,其中误差的评判标准分别为:标准均方误差(ES)(黄嘉佑等，2004），标准误差（SE）（司鹏 等，2015b），插补值与实际观测值差值在 $\pm 25$ mm 范围内的样本比例（ $p$ ），如公式（7.8）～（7.10）所示。

$$\mathrm{ES} = \sqrt{\sum_{i=1}^{m} \left(\frac{\hat{y}_i - y_i}{s}\right)^2} \tag{7.8}$$

式（7.8）中 $m$ 为样本容量， $\hat{y}_i$ 为插补值， $y_i$ 为实际观测值， $s$ 为 1961—1990 年 30 年样本标准差。

$$\mathrm{SE} = \sqrt{\frac{1}{(m-1)}\sum_{i=1}^{m}(\varphi'_i - \overline{\varphi'})^2} \tag{7.9}$$

式（7.9）中 $\varphi'_i = \varphi_i - \overline{\varphi_i}$ ， $\overline{\varphi'} = \frac{1}{m}\sum_{i=1}^{m}\varphi'_i$ ，其中 $\varphi_i = \hat{y}_i - y_i$ 。

$$p = \frac{m_p}{m} \times 100\% \tag{7.10}$$

### 7.1.4　均一性检验

RHtestsV4 软件包提供的惩罚最大 $F$ 检验（PMF）（Wang，2008a）适用于无参考序列的检验过程，能够有效避免非均一的参考序列及缺乏详尽元数据信息带来的检验误差，并且该方法在前人的工作中已经得到了较好的研究成果（司鹏 等，2015a；司鹏 等，2015b；Si et al.，2014；Xu et al.，2013）。另外，对于降水量这类时空分布不均匀、局地性较强的气象要素，在没有平行观测的条件下，很难找到合适的参考序列。因此，与保定站百年气温序列一致，本章基于插补效果较好的逐月降水量序列，采用惩罚最大 F 检验（PMF）对保定站 1913—2014 年降水月值序列进行均一性检验。需要说明的是，RHtestsV4 软件包中的函数只针对具有高斯分布的气象要素，如气温等，而降水量数据具有非正态分布特点，所以在进行均一性分析之前将降水量资料进行对数转换，以达到一定程度上的正态化，即 $P_P = \ln(p_p)$ ，其中 $p_p$ 为原始数据，$P_P$ 为转换后的数据。检验步骤如下。

（1）调用函数 FindU 检验对数转换后的逐月降水序列（ $P_P$ ）中所有显著的断点，这种断点可以没有元数据支持，称之为"Type-1"断点。如果这一步没有显著断点被检测出，那么可以认为该序列是相对均一的，不用进行以下检验。

（2）调用函数 FindUD 检验 $P_P$ 序列中所有显著的断点，这种断点需要有可靠的元数据支持，称之为"Type-0"断点。

（3）查阅元数据，保留有确凿迁站、仪器变更等记录支持的"Type-0"断点以及统计显著的"Type-1"断点。

（4）调用函数 StepSize 评估在第（3）步中被保留的"Type-1"和"Type-0"断点的显著性和突变幅度，筛选出显著的断点。

（5）分析第（4）步筛选出的断点，去除突变幅度最小且不显著的断点，然后，重新运行函数 StepSize，直至每一个断点都被认为是统计显著的。

## 7.2　插补误差分析

### 7.2.1　误差检验

根据公式(7.8)~(7.10)计算了保定站 1913—2014 年逐月降水量序列插补值与实际观测值的误差,如图 7.1 所示。

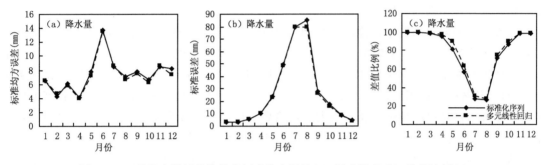

图 7.1　逐月降水量插补结果的标准均方误差(a)、标准误差(b)、差值比例(c)

从图 7.1 降水量的插补精度来看,利用多元线性回归模型插补得到的逐月降水量的标准均方误差(ES)(图 7.1a)和标准误差(SE)(图 7.1b)基本小于标准化序列法得到的结果,并且插补误差±25mm 的比例($P$)(图 7.1c)也基本大于标准化序列法。多元线性回归法的 ES、SE、$P$ 平均插补精度分别为 7.2 mm、25.7 mm、81%。

### 7.2.2　相关性检验

表 7.2 分别给出利用两种插补模型得到的降水量逐月估计值与实际观测值的相关系数。表 7.2 显示,多元线性回归模型得到的降水量插补结果与实际观测值间的相关程度较高,并且均通过 $t_{\alpha=0.05}$ 显著性检验,相关系数范围为 0.538~0.855。

表 7.2　两种方法得到的逐月降水量插补值与实际观测值的相关系数

| | 1 月 | 2 月 | 3 月 | 4 月 | 5 月 | 6 月 | 7 月 | 8 月 | 9 月 | 10 月 | 11 月 | 12 月 |
|---|---|---|---|---|---|---|---|---|---|---|---|---|
| 标准化 | 0.758 | 0.876 | 0.776 | 0.809 | 0.576 | 0.518 | 0.644 | 0.608 | 0.680 | 0.717 | 0.849 | 0.545 |
| 多元回归 | 0.777 | 0.855 | 0.796 | 0.834 | 0.605 | 0.538 | 0.674 | 0.625 | 0.696 | 0.748 | 0.842 | 0.630 |

注:表中数据均通过 $t_{\alpha=0.05}$ 显著性检验。

因此,综合上述分析结果,本章拟采用多元线性回归法插补得到的逐月降水量序列作为建立保定站 1913—2014 年百年降水月值序列的原始数据。

## 7.3　百年降水资料的气候检验

研究中通过 PMF 法重点针对迁站、仪器变更等能够对降水序列造成非均一性影响的非气候因子进行了检验(王秋香 等,2012;李庆祥 等,2008a),结合台站历史沿革信息并没有发现保定站月降水量序列存在显著的不连续现象。因此,认为插补后的 1913—2014 年月降水量序列是相对均一的。

　　气候检验分析中采用的对比序列来自国家气象信息中心 2014 年建立的《全球陆地月降水订正数据集(v1.1)》,该数据集是在 13 类国际国内已有的降水数据产品基础上,通过数据筛选、整理、融合、质量控制及均一性分析后形成的一套全球历史降水数据集。对于中国地区来说,由于存有时间序列较长且相对完整的降水数据的台站有限,所以本节依旧选取了北京(54511)、天津(54527)两个气象站的降水资料作为对比序列。另外,降水要素是时空变率极大的非连续变量,局地性较强,所以,在这里我们仅通过趋势变化的对比分析,来评估建立的保定站百年降水月值序列的合理性。

　　从表 7.3 中给出的百年趋势值来看,保定站逐月降水量的趋势变化幅度和特点与北京站(54511)、天津站(54527)的基本一致,幅度变化较大的基本出现在暖季月份(6—10 月),其中 7、8 月的百年降水量均呈明显的减少趋势。对于年序列变化来说,54602 站与 54527 站的更为一致,百年趋势变化均不明显。而 54511 站由于 7 月降水减少幅度较为明显,一定程度上造成了该站年降水量趋势减少幅度相对较大。从趋势变化的显著性来看,表 7.3 显示,除了 54511 站 12 月降水量趋势通过显著性检验外,其他站年、月百年降水趋势均没有达到统计显著性水平。这也是与我国近百年来降水量的趋势变化特点一致(李庆祥 等,2012)。因此,总的来看,本章建立的保定站百年降水月值序列是相对合理的。

表 7.3　保定站与北京及天津站百年月降水量的趋势变化(mm/100a)

| | 54602 | 54527 | 54511 |
|---|---|---|---|
| 1 月 | −1.005 | −1.888 | −1.151 |
| 2 月 | −0.635 | −0.364 | −1.214 |
| 3 月 | 4.044 | −4.604 | 1.702 |
| 4 月 | 15.397 | 5.972 | 12.412 |
| 5 月 | 2.515 | 3.483 | −1.943 |
| 6 月 | 18.088 | 29.948 | 8.491 |
| 7 月 | −39.383 | −33.698 | −103.169 |
| 8 月 | −27.308 | −50.161 | −39.496 |
| 9 月 | 26.116 | 17.054 | 3.767 |
| 10 月 | 9.221 | 21.324 | 11.059 |
| 11 月 | −5.919 | −7.779 | −4.078 |
| 12 月 | −2.576 | −3.911 | **−4.015** |
| 年 | −0.409 | −0.341 | −74.168 |

注:表中加粗字体均表示通过 $t_{a=0.05}$ 显著性检验。

　　基于多源的逐月降水量资料,通过数据整合、缺测值插补及均一性分析,建立了保定站 1913—2014 年百年降水月值序列,并通过与探测环境相对一致的气候序列对比,对该百年序列进行了评估,得到如下结论:

　　(1)同时采用标准化序列法和多元线性回归法对经过整合并进行初步质量控制后的保定站降水量序列进行了插补。通过交叉检验法,利用插补值与实际观测值的标准均方误、标准误、差值比例 3 类指标及相关性对比分析得到,多元线性回归法插补的逐月降水量序列效果较好。

(2)利用 PMF 法对插补后的保定站 1913—2014 年降水量月值序列进行了均一性检验,得到插补后的百年月降水量序列是相对均一的。

(3)通过对比分析显示,本章建立的保定站百年降水序列的趋势变化幅度和特点与均一化的北京和天津两个邻近站百年序列基本一致。一定程度上说明建立的保定站百年降水月值序列具有可用性,能够为我国华北平原地区气候分析和研究提供可靠的百年基础数据。

# 第8章　均一化气温数据在我国华北气候变化分析中的应用

## 8.1　基于均一化及定时观测整合数据对天津温度变化的再评估

近年来,全球变暖已成为国内外社会各界的共识,由此衍生的气候变化以及极端气候变化研究相继增多(高文兰 等,2018;Ding et al.,2018;贾艳青 等,2017;Guan et al.,2017;王岱等,2016;Lin et al.,2015;Li et al.,2012)。但不少研究并没有对直接使用的观测资料进行进一步的均一化处理(张扬 等,2018;陈锐杰 等,2018;王晓利 等,2017),这对于研究结果和结论可能造成一定的偏差。随着我国气象业务现代化发展,区域自动站观测系统已步入成熟阶段,并且各个站基本拥有10年及以上的观测时间长度,相比国家级气象观测站,其具有站点覆盖密的优势,能够全面系统地捕捉到局地气候变化特点。但目前来看,区域自动站的观测资料并没有在气候变化分析中被很好地利用,主要还是资料的质量和观测时间长度问题导致。所以,在气候变化研究中,如何基于可靠的基础资料是得到客观合理的研究结论的重要支撑。

随着京津冀一体化发展,生态脆弱性问题已逐渐由独立的城市演变为区域性难题,所以客观揭示该地区平均气候和极端气候变化规律及其幅度,对我国社会经济的健康发展具有重要意义。天津是京津冀城市群中的重要城市,近年随着经济发展和大规模的城市改造,其城市气候变化结构及其特征有了新的改变(蒋明卓 等,2015)。同时,为了适应气象现代化发展,2004年开始天津地面气象观测业务全面进入自动化(除部分云和蒸发观测项目外),迁站和由此引发的观测仪器变更导致的气候时间序列不连续是在所难免的。但在前人对天津气候和极端气候变化研究中并没有深入考虑剔除基础资料中的非均一性因素(郭军 等,2011;杨艳娟等,2011)。

因此,本节拟利用研制的具有局地特点的天津均一化历史气温数据(司鹏 等,2015b),以及经过整合的天津区域自动站定时观测气温数据,对天津地区的温度变化进行重新评估,揭示以天津为代表的京津冀平均气温、极端气温及城市化发展导致的气温增暖变化特点和量化幅度。以此为区域或局地气候变化分析提供科学依据。同时,研究结论为制定科学的对策减缓和适应气候变化带来的不利影响提供基础支撑。

### 8.1.1　研究资料

本节用到的地面基础资料有两类,均由天津市气象信息中心提供。一类是天津均一化历史气温数据集(司鹏 等,2015b),选取13个国家级地面气象站1951—2017年逐日平均气温、最低气温和最高气温数据,用于天津气温变化分析,该数据集的具体处理过程参见文献司鹏等

(2015b)。另一类是天津定时基础气象要素整合数据产品,选取 280 个区域自动站 2008—2016 年小时气温数据,用于划分城乡台站类型的依据之一。两类基础资料的台站分布如图 8.1 所示。在城乡台站类型划分中,还用到 MODIS 反演地表温度数据 MOD11A2 地表温度 (http://ladsweb.nascom.nasa.gov),该产品为 MODIS 陆地产品中 3 级 V005 版标准数据产品,空间分辨率为 1 km,时间分辨率为 8 d,选取时间段为 2014 年 1 月 1 日—12 月 31 日。

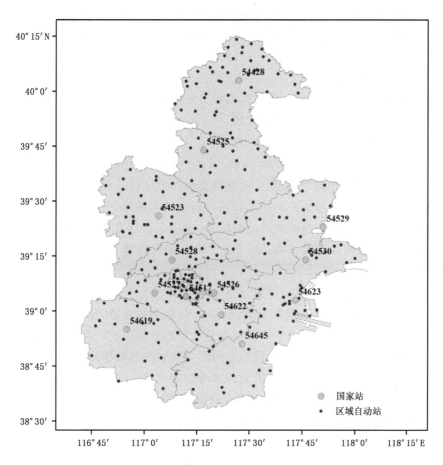

图 8.1 天津地面气象观测站的地理分布(大圆点代表国家站;小圆点代表区域自动站)

### 8.1.2 研究方法

#### 8.1.2.1 定时观测气温整合数据产品

为充分发挥区域自动站观测资料的气候价值,本节基于全国综合气象信息数据共享平台 (CIMISS)、气象资料业务系统(MDOS)以及省级自动站实时数据质量控制系统 3 类数据库 280 个区域自动站实时质控后的地面气温观测数据,通过数据整合、融合序列检验、质量控制等建立了天津区域自动站系统完整的、时间序列较长且质量较高的小时气温资料。该产品的研制解决了当前天津地区气象业务现代化和精细化对高时空分辨率、高精度数据产品的需求,研发技术为天津气象资料的集约化管理奠定了基础。

(1)数据整合及融合序列检验

　　数据整合过程中,综合 3 类业务系统资料质控技术的先进性以及数据库存储资料的时间长度,对每段时期主要基础数据源进行选取,得到 2008—2013 年的数据源以 CIMISS 为主,2014—2017 年以 MDOS 为主,省级质控系统的数据作为 2011—2017 年期间缺测资料的补充数据源。同时,为保证整合数据的连续性和可靠性,对 CIMISS 和 MDOS 数据源在 2013—2017 年重合时间段做融合序列检验,检验方法参照杨溯等(2016)在研制全球降水数据集用到的多源数据对比融合技术,其中的阈值标准根据天津地面观测资料的实际情况设置,包括一致率检验、相关系数检验、均值 t 检验和方差 F 检验,保留同时通过 4 个检验的整合序列,否则予以剔除。

　　(2)整合数据的质量控制

　　本节通过气候异常值检验、空间一致性检验对上述整合后的小时气温数据进行质量控制,对每一步检验出并确定的错误值进行置缺处理。

　　①气候异常值检验:

$$\overline{x_i} - n\sigma \leqslant x_{ij} \leqslant \overline{x_i} + n\sigma \tag{8.1}$$

式(8.1)中,$x_{ij}$ 代表被检验的小时气温值,$\overline{x_i}$ 为被检验小时值所在日值序列的平均值,$\sigma$ 为被检验小时值所在日值序列的标准差,$n=3\sim5$。这里为验证检验效果,分别对倍数 $n=3\sim5$ 进行试验分析,通过对输出的 $3\sim5$ 倍标准差的检验结果,发现 5 倍标准差没有检测出疑误数据,3 倍标准差检验出的疑误数据大多被认为是可信的,因此,最终选取 $n=4$。

　　②空间一致性检验:

$$\mid Z_i - \overline{Z_{ij}} \mid > n\sigma_{ij} , n = 3 - 5 \tag{8.2}$$

式(8.2)中,$Z_i$ 为被检站的标准化小时气温值,$Z_{ij}$ 和 $\sigma_{ij}$ 分别为参考站的对应被检站小时值所在标准化日值序列的气温平均值和标准差。同样为验证检验效果,分别对参考站数量(5 和 20)以及 $n=3\sim5$ 标准差倍数进行试验分析,依据空间距离分别选取被检站周边邻近的 5 个和 20 个站,利用算术平均拟合参考站。对 2 种数量的参考站均进行 $3\sim5$ 倍标准差的检验,通过分析得到,20 个站疑误数据的检验结果均多于 5 个站的,但大多为可信的,而 5 个站的基本包含 20 个站中的疑误数据,因此,最终选取参考站数量为 5 个且 $n=5$。

### 8.1.2.2　城乡台站类型划分

　　基于定时观测气温整合数据产品,对 2008—2016 年小时气温数据进行月值和年值统计,根据逐年气温变化的空间分布结合天津地面观测站所在环境的实际情况对 13 个国家站城乡台站类型进行划分。由于天津各区域自动站建站时间不同,依据台站数量和气温资料的完整性,主要对 2010 年、2012—2016 年气温年值的分布情况进行比较分析。利用区域自动站观测资料来评估城市化影响,在前人研究中是有所尝试的(Kim et al.,2005)。

　　如图 8.2 所示,由整合定时气温数据统计得到天津地区的年平均气温基本呈逐年增暖变化,这与天津近年来城市化发展导致的气候变化特点一致(蒋明卓 等,2015),同时也说明了基于 3 类数据库整合后数据的可靠性。从逐年气温的空间分布来看,天津北部山区的低值区(蓟州)和中心城区的高值区(市台)均较为明显,市区四郊(东丽、津南、天津、北辰)和塘沽滨海区均呈现较强的增暖变化,并且随着时间推移中心城区的高值区逐年扩张,而北部山区的低值区逐年缩小。其中表现最为明显的是 2014 年气温变化(图 8.2d),其逐月气温的空间分布也呈现出相同的变化特点(图 8.3),特别是冬季(图 8.3a)和夏季(图 8.3c)月份。因此,依据

2014 年区域自动站整合气温数据的空间分布特点,结合 13 个国家站所在探测环境(表 8.1),对其城乡台站类型进行划分,结果如表 8.1 所示。

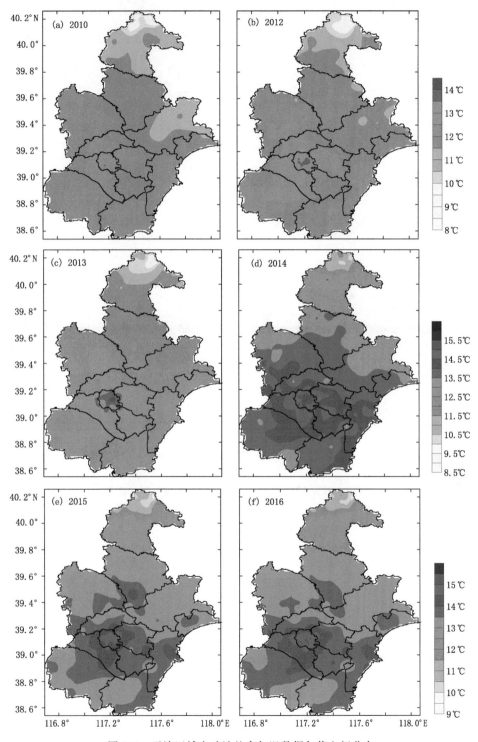

图 8.2　天津区域自动站整合气温数据年值空间分布

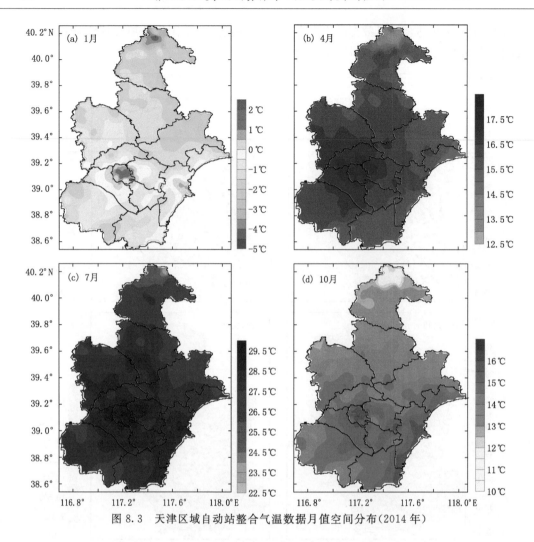

图 8.3　天津区域自动站整合气温数据月值空间分布(2014 年)

表 8.1　天津 13 个国家站元数据和台站类型划分信息

| 区站号 | 站名 | 站类 | 资料起始时间<br>(年月日) | 台站所在环境 | 区域自动站<br>台站类型 | MODIS 阈值<br>台站类型 |
| --- | --- | --- | --- | --- | --- | --- |
| 54428 | 蓟州 | 一般站 | 19570101 | 乡村 | 乡村站 | 乡村站 |
| **54517** | 市台 | 一般站 | 19510101 | 市区 | 城市站 | 乡村站 |
| 54523 | 武清 | 一般站 | 19590101 | 郊外 | 乡村站 | 乡村站 |
| 54525 | 宝坻 | 基本站 | 19590301 | 乡村 | 乡村站 | 乡村站 |
| 54526 | 东丽 | 一般站 | 19550101 | 集镇 | 城市站 | 城市站 |
| **54527** | 天津 | 基本站 | 19580101 | 郊外 | 城市站 | 乡村站 |
| **54528** | 北辰 | 一般站 | 19580101 | 郊外 | 城市站 | 乡村站 |
| 54529 | 宁河 | 一般站 | 19640101 | 乡村 | 乡村站 | 乡村站 |
| 54530 | 汉沽 | 一般站 | 19740101 | 郊外 | 乡村站 | 乡村站 |
| 54619 | 静海 | 一般站 | 19590101 | 城镇 | 乡村站 | 乡村站 |
| **54622** | 津南 | 一般站 | 19740101 | 郊外 | 城市站 | 乡村站 |
| 54623 | 塘沽 | 基本站 | 19510101 | 滨海 | 城市站 | 城市站 |
| 54645 | 大港 | 一般站 | 19860101 | 郊外 | 乡村站 | 乡村站 |

注:表中加粗部分表示划分结果不同的站。

同时,为得到客观准确的划分结果,作为对比本节也给出利用 MODIS 反演地表温度数据的台站类型划分结果。选用 Si et al.(2014)用到的华北五省(北京、天津、河北、山西、内蒙古)410 个国家站作为划分基础,参照其研究方法,对整个华北五省(自治区、直辖市)共拼接 46 副数字图像(2014 年 1 月 1 日—12 月 31 日,每 8 天一期产品),根据城市热岛效应原理(IPCC,2001),计算每幅图像中各个气象站周围 2 km 范围分别与 10、15、20、25、30、35、40 和 50 km 范围内地表平均温度的差值,对其进行算术平均。通过统计发现,每个气象站 8 个半径范围差值幅度基本一致,因此,分别以各站 8 个半径范围差值幅度的算术平均作为阈值,划分原则依据 Si et al.(2014),结果如表 8.1 所示。

通过比较得到,仅市台(54517)、天津(54527)、北辰(54528)和津南(54622)4 个台站类型划分结果不一致。从台站实际情况来看,MODIS 数据的划分结果是不合理的:(1)市台站(54517)位于市区繁华地带,受城市化影响较为严重;(2)对于天津站(54527),本节考虑到该站是作为天津整个天气气候状况的地面观测代表站,从主观角度认为将其定义为乡村站是不妥当的;(3)北辰(54528)和津南(54622)2 个站均为环城四个郊站,由于城镇化发展影响,造成 2 个台站的周围环境已经不符合气象探测标准,目前已经在迁址过程中。所以,这 4 个站均应划分为城市站。对于出现划分结果的不一致,这里考虑原因有如下几点:(1)遥感反演产品部分区域值缺测和产品精度等客观问题,以及不同天气条件下城市热岛效应强弱的影响;(2)阈值2 km 范围的选取,对于过去位于城郊繁华地带的台站,因迁站搬离至郊区,造成周围多为农田或荒地的乡村下垫面,取值 2 km 作为基准来对比更大半径范围的地表温度会导致台站划分结果的偏差(如 54527 站);(3)台站经纬度的测量误差等造成 MODIS 数据图像上定位的偏差,导致下垫面判断有误(如 54517 站)。

因此,从上述分析来看,利用区域自动站整合数据产品结合元数据的台站类型划分结果是符合客观事实的,能够为本节的研究结论提供可靠基础。根据表 8.1 中资料起始年限,本节选取时间序列相对较长的蓟州(54428)、市台(54517)、武清(54523)、宝坻(54525)、东丽(54526)、天津(54527)、北辰(54528)、静海(54619)和塘沽(54623)9 个站作为研究对象,并且拟通过主分量(PCA)分析构建天津整个地区、城市和乡村区域的距平序列来进行年(季节)平均气温和极端气温变化分析(Li et al.,2004a)。城市化对天津地区的增暖影响拟利用拟合的城市区域与乡村区域气温趋势变化差值表示。

### 8.1.3　天津近 60 年区域气温变化分析

#### 8.1.3.1　不同时段气候标准值的对比分析

图 8.4 分别给出天津地区 1961—1990 年、1971—2000 年和 1981—2010 年平均气温、最高气温和最低气温 3 个 30 年的统计值。从图中可以看出,相比前一个 30 年,后一个 30 年均表现出了明显的气温增暖变化,特别是最低气温(图 8.4c)最为明显,平均气温(图 8.4a)次之,而最高气温(图 8.4b)变化相对较小。从各个 30 年的气温差值来看,1981—2010 年与 1971—2000 年差值基本大于 1971—2000 年与 1961—1990 年差值,并且最低气温(图 8.4c)的差值幅度也是最为明显的,最高气温(图 8.4b)相对最小。9 个站算数平均统计得到最低气温、平均气温和最高气温各个时段 30 年气温差值分别为 0.55 ℃、0.67 ℃;0.39 ℃、0.42 ℃;0.16 ℃、0.24 ℃。另外,对于一些乡村站(表 8.1)来说,如蓟州站(54428)1981—2010 年与 1971—2000年平均气温(图 8.4a)和最低气温(图 8.4c)的差值幅度相对其他站均较为突出,静海站

(54619)3类气温的差值幅度也相对突出,特别是最高气温(图8.4b);而城市站(表8.1),如塘沽站(54623)3类气温的差值幅度则相对较小。可以说明天津地区近60年来的气温增暖是毋庸置疑的,特别是1981年以来的更为明显,并且近年来的城市化发展导致了部分乡村地区的气温增暖相对城区更为显著,这一研究结论在Si et al.(2014)基于模式模拟资料对我国华北地区极端增暖的未来预估中也有所体现。

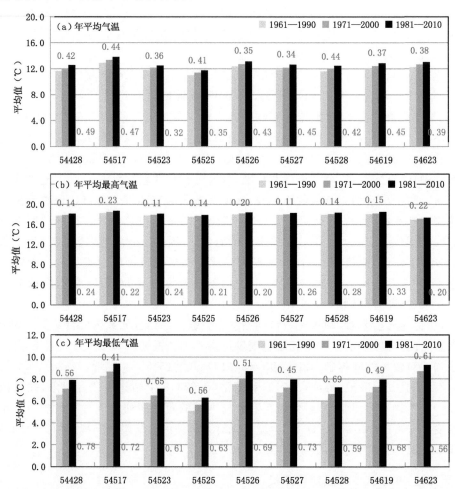

图8.4　天津地区年平均气温(a)、最高气温(b)和最低气温(c)1961—1990、1971—2000、
1981—2010年3个30年气候标准值变化
(红色数字为1971—2000年与1961—1990年差值;蓝色数字为1981—2010年与1971—2000年差值)

#### 8.1.3.2　近60年气温增暖趋势变化分析

（1）年尺度变化分析

表8.2给出IPCC(2001)、IPCC(2007a)、IPCC(2013)3次评估报告及中国气候变化蓝皮书(2018)统计得到的近百年或近60多年全球、亚洲及中国区域平均气温增暖幅度。根据表8.2列出的各统计时段,研究中分别统计了天津整个地区、城市和乡村区域1959—2000年、1959—2005年、1959—2012年、1959—2017年的年、季节平均气温趋势变化(表8.3—表8.7)。

表 8.2　IPCC 3 次评估报告及中国气候变化蓝皮书统计的气温增暖变化

| 评估报告 | 统计时段 | 区域范围 | 增温幅度（或增暖趋势） |
| --- | --- | --- | --- |
| IPCC AR3[1] | 1861—2000 年 | 全球陆地及海洋表面 | 0.6±0.2℃ |
| IPCC AR4[2] | 1906—2005 年 | 全球陆地及海洋表面 | 0.74±0.18℃ |
| IPCC AR5[3] | 1880—2012 年 | 全球陆地及海洋表面 | 0.85℃ |
| 中国蓝皮书[4] | 1901—2017 年 | 亚洲陆地 | 1.59℃ |
| 中国蓝皮书[4] | 1951—2017 年 | 亚洲陆地 | 0.23℃/10a |
| 中国蓝皮书[4] | 1901—2017 年 | 中国陆地 | 1.21℃ |
| 中国蓝皮书[4] | 1951—2017 年 | 中国陆地 | 0.24℃/10a |

注：表中 1、2、3、4 分别引自 IPCC(2001)、IPCC(2007a)、IPCC(2013)、中国气候变化蓝皮书(2018)平均气温增温幅度统计值。

表 8.3　天津地区 1959—2000 年、1959—2005 年、1959—2012 年、1959—2017 年
年平均气温趋势变化(℃/10a)

| | 1959—2000 年 | 1959—2005 年 | 1959—2012 年 | 1959—2017 年 |
| --- | --- | --- | --- | --- |
| 区域 | 0.322* | 0.350* | 0.317* | 0.348* |
| 城市 | 0.328* | 0.356* | 0.324* | 0.356* |
| 乡村 | 0.316* | 0.343* | 0.309* | 0.338* |
| 城市与乡村差值 | 0.012* | 0.013* | 0.015* | 0.018* |

注：表中 * 表示通过 95％显著性检验，下表 8.4—表 8.7 同。

　　如表 8.3 所示，1959—2000 年、1959—2005 年、1959—2012 年、1959—2017 年天津地区气温均呈显著的上升趋势变化，分别为 0.322 ℃/10a、0.350 ℃/10a、0.317 ℃/10a、0.348 ℃/10a，增温幅度分别达 1.35 ℃、1.65 ℃、1.71 ℃、2.05 ℃，均高于表 2 给出的全球、亚洲及中国区域百年（或近 60 多年）年平均气温的升高幅度。从各个时段趋势对比来看，气温逐年增暖较为明显，但 1959—2012 年趋势上升幅度相比 1959—2005 年有所下降，而 1959—2017 年又逐渐升高。据李庆祥等（2006）研究表明，1998 年是 1951—2005 年中国气温最暖年份。同样，如图 8.5 所示，1998 年也是天津地区 1959—2012 年期间的最暖年份，相对全序列均值偏暖 1.10 ℃，2010 年和 2012 年气温均有所下降，特别是 2010 年出现了负距平变化，而 2012 年以后气温又快速升高。

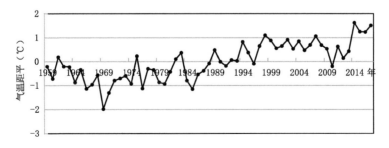

图 8.5　天津地区 1959—2017 年平均气温距平序列（距平值的参考气候期为全序列均值）

近年来,1998—2012 年出现的全球变暖停滞(global warming hiatus)现象备受科学界的广泛关注,对该现象及其影响因子的研究结论也是存在很大争议(Amaya et al.,2018;Medhaug et al.,2016;Gleisner et al.,2015;王绍武 等,2014)。通过统计发现,天津地区 1998—2012 年的气温变化趋势为－0.437 ℃/10a(通过显著性水平检验),从统计角度来看,同样出现了明显的增暖变缓现象。但是从整体发展趋势来看(表 8.3),与全球大背景气候变化一致(表8.2 中 IPCC 的 3 次评估报告),天津地区的气温增暖趋势仍在持续上升,近 60 年(1959—2017年)的平均气温升高幅度(2.05 ℃)(表 8.3)大于同一时期中国区域的气温变化(1.61 ℃)(表8.2)。

从城乡对比来看(表 8.3),城市化导致的天津地区年平均气温增暖是逐年增加的,4 个时间段的城乡差值幅度分别为 0.012 ℃/10a、0.013 ℃/10a、0.015 ℃/10a、0.018 ℃/10a,城市化增暖分别达 0.05 ℃、0.06 ℃、0.08 ℃、0.11 ℃,对天津区域增暖贡献达 3.73%、3.71%、4.73%、5.17%。另外,本节也统计了 1959—2017 年天津城乡区域最高、最低气温变化趋势,结果显示,城乡区域年平均最低气温趋势增暖幅度(0.497 ℃/10a、0.527 ℃/10a)均为最高气温(0.189 ℃/10a、0.158 ℃/10a)的 3 倍左右(均通过显著性水平检验),特别是乡村区域最低气温的增暖趋势明显大于城市区域。

(2)季节尺度变化分析

从表 8.4—表 8.7 给出的季节气温变化来看,与年平均气温一致(表 8.3),天津整个区域4 个时间段的季节气温均呈显著增暖趋势变化(除表 8.4 夏季外),其中,冬季上升幅度相对最大,各个时段分别为 0.584 ℃/10a(表 8.4)、0.599 ℃/10a(表 8.5)、0.473 ℃/10a(表 8.6)、0.485 ℃/10a(表 8.7),分别升高了 2.45 ℃、2.82 ℃、2.55 ℃、2.86 ℃,明显高于对应年平均气温的上升幅度,春季次之,夏秋季相对最小。而除了秋季以外,1998 年并不是各个季节1959—2012 年的最暖年份,并且通过统计得到,尽管 1998—2012 年天津地区各个季节平均气温均呈减少趋势变化,但均没有通过显著性水平检验,说明了从长期趋势变化来看,1998—2012 年变暖停滞现象在天津地区的各个季节尺度中并不具有代表性。

**表 8.4　1959—2000 年天津地区季节平均气温趋势变化(℃/10a)**

|  | 春季 | 夏季 | 秋季 | 冬季 |
|---|---|---|---|---|
| 区域 | 0.329* | 0.175 | 0.232* | 0.584* |
| 城市 | 0.339* | 0.181 | 0.236* | 0.582* |
| 乡村 | 0.317* | 0.168 | 0.227* | 0.588* |
| 城市与乡村差值 | 0.022* | 0.013 | 0.009* | －0.006* |

注:*同表 8.3。

**表 8.5　1959—2005 年天津地区季节平均气温趋势变化(℃/10a)**

|  | 春季 | 夏季 | 秋季 | 冬季 |
|---|---|---|---|---|
| 区域 | 0.436* | 0.181* | 0.235* | 0.599* |
| 城市 | 0.447* | 0.188* | 0.245* | 0.591* |
| 乡村 | 0.423* | 0.172* | 0.224* | 0.609* |
| 城市与乡村差值 | 0.024* | 0.016* | 0.021* | －0.018* |

注:*同表 8.3。

**表 8.6　1959—2012 年天津地区季节平均气温趋势变化(℃/10a)**

|  | 春季 | 夏季 | 秋季 | 冬季 |
|---|---|---|---|---|
| 区域 | 0.407* | 0.192* | 0.241* | 0.473* |
| 城市 | 0.418* | 0.195* | 0.256* | 0.467* |
| 乡村 | 0.393* | 0.188* | 0.222* | 0.480* |
| 城市与乡村差值 | 0.025* | 0.007* | 0.034* | −0.013* |

注：* 同表 8.3。

**表 8.7　1959—2017 年天津地区季节平均气温趋势变化(℃/10a)**

|  | 春季 | 夏季 | 秋季 | 冬季 |
|---|---|---|---|---|
| 区域 | 0.470* | 0.222* | 0.238* | 0.485* |
| 城市 | 0.482* | 0.225* | 0.251* | 0.481* |
| 乡村 | 0.455* | 0.218* | 0.220* | 0.491* |
| 城市与乡村差值 | 0.027* | 0.007* | 0.031* | −0.010* |

注：* 同表 8.3。

城乡区域 4 个时间段季节气温的趋势变化(表 8.4—表 8.7)，均具有对应时段整个区域的变化特点。从城乡对比来看，4 个时间段均表现出显著的城市化增暖现象(除表 8.4 夏季外)，特别是春季，城市化导致的气温增暖幅度逐年增强，分别为 0.022 ℃/10a、0.024 ℃/10a、0.025 ℃/10a、0.027 ℃/10a，增暖贡献分别达 6.69%、5.50%、6.14%、5.74%。对于冬季来说(表 8.4—表 8.7)，4 个时间段城乡差值均为负值，乡村区域气温增暖幅度明显大于城市区域。本节统计了 1959—2017 年冬季最高和最低气温城乡区域的趋势变化。结果显示，城乡区域冬季最低气温的趋势增暖幅度(0.709 ℃/10a、0.787 ℃/10a)均为最高气温(0.210 ℃/10a、0.198 ℃/10a)的 3 倍以上(均通过 $\alpha=0.05$ 显著性水平检验)，并且乡村区域冬季最低气温的上升趋势比城市区域更为突出，其他季节的最低气温亦是如此。

### 8.1.4　天津近 60 年极端气温变化分析

#### 8.1.4.1　年尺度变化分析

极端温度事件指标采用世界气象组织指数专家组(ETCCDMI)(Peterson et al.，2001)推荐使用的 7 个温度指数(详见 Si et al.(2014))，来描述天津地区不同极端温度事件出现的频率、变化幅度等特征。选取 1981—2010 年作为代表某一台站气温要素超过气候阈值的极端指数标准值。

表 8.8 分别给出天津地区 1959—2000 年、1959—2005 年、1959—2012 年、1959—2017 年 4 个时间段 7 个极端温度指数的趋势变化值。如表 8.8 所示，天津地区 4 个时间段的年平均极端最低气温(TNn)均表现出显著的增加趋势，而年平均极端最高气温(TXx)，尽管随着时间的推移表现出了趋势增加变化，但其均没有通过 $\alpha=0.05$ 显著性水平检验。同样，这些变化特点也体现在城市和乡村区域。除此之外，从城乡对比看(表 8.8 中的差值)，4 个时间段的城市区域年平均 TNn 增加幅度均小于乡村区域，差值幅度分别为 −0.216 ℃/10a、−0.159 ℃/10a、−0.177 ℃/10a、−0.180 ℃/10a。但对于 TXx 的城乡区域差值幅度则表现相反，城市区域的年平均 TXx 增加(减少)幅度要大于(小于)乡村区域。所以，不难看出，天津地区极端气温增暖趋势在时间尺度上是较为显著的，并且乡村区域的极端增暖相对城市区域更为明显。

**表8.8　天津地区年平均极端温度指数趋势变化(/10a)**

| | 1959—2000 年 | | 1959—2005 年 | | 1959—2012 年 | | 1959—2017 年 | | 单位 |
|---|---|---|---|---|---|---|---|---|---|
| | 区域 | 差值 | 区域 | 差值 | 区域 | 差值 | 区域 | 差值 | |
| TXx | −0.094 | 0.175 | 0.072 | 0.145 | 0.049 | 0.090 | 0.100 | 0.084 | ℃ |
| TNn | 1.040* | −0.216* | 1.000* | −0.159* | 0.848* | −0.177* | 0.875* | −0.180* | ℃ |
| TN10p | −3.823* | 0.418* | −3.974* | 0.267* | −3.822* | 0.240* | −3.678* | 0.226* | d |
| TN90p | 1.632* | 0.211* | 2.274* | 0.243* | 2.359* | 0.246* | 2.758* | 0.089* | d |
| TX10p | −0.255 | −0.035 | −0.351 | −0.006 | −0.420 | 0.056 | −0.695* | −0.013* | d |
| TX90p | 0.484 | 0.433 | 0.869* | 0.315 | 0.699* | 0.228 | 0.961* | 0.238* | d |
| DTR | −0.357* | 0.070* | −0.362* | 0.048* | −0.371* | 0.051* | −0.337* | 0.065* | ℃ |

注:(1)表中 * 表示通过95%显著性检验;(2)表中"差值"表示城市与乡村区域极端温度指数的趋势差值,若标注为 * 则表示城市和乡村区域均通过95%显著性检验,下表8.9同。

　　这里给出利用鲁棒局部权重回归(robust locally weighted regression)(William,1979)得到的天津地区年平均冷夜日数(TN10p)、暖夜日数(TN90p)、冷昼日数(TX10p)及暖昼日数(TX90p)的平滑曲线。如图8.6所示,天津地区4个时间段的冷事件(TN10p、TX10p)均表现出明显的减少趋势,而暖事件(TN90p、TX90p)均表现出明显的增加趋势。但从变化幅度来看,4个时间段的冷昼(TX10p)和暖昼(TX90p)日数变化均远远小于冷夜(TN10p)和暖夜(TN90p)(表8.8),表现出日极端事件的趋势变化幅度小于夜极端事件,尤其是冷事件的趋势

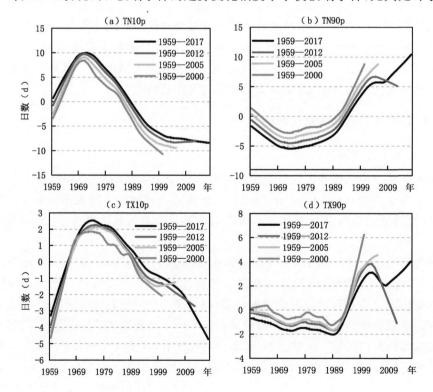

图8.6　天津地区年平均冷夜 TN10p(a)、暖夜 TN90p(b)、冷昼 TX10p(c)、暖昼 TX90p(d)
极端事件低通滤波平滑曲线(1959—2000 年,1959—2005 年,1959—2012 年,1959—2017 年)

幅度相差极大,导致日较差(DTR)的显著减小,这一变化特点在前人对极端温度事件研究中有同样的描述(王岱 等,2016;Donat et al.,2013;Klein et al.,2006)。4 个时间段年平均 DTR 趋势减少幅度分别达$-0.357$ ℃/10a、$-0.362$ ℃/10a、$-0.371$ ℃/10a、$-0.337$ ℃/10a。IPCC AR3(2001)中曾指出 DTR 的大幅度减少是表征城市热岛对地面气温增暖影响的主要原因之一,而城市热岛效应更是城市化影响的表现特征之一。

同样,城乡区域的日较差(DTR)趋势均呈显著减少,4 个时间段均达到了$-0.3$ ℃/10a 以上(均通过 $\alpha=0.05$ 显著性水平检验)。从城乡对比来看(表 8.8 中的差值),城市区域 4 个时段的年平均冷夜日数(TN10p)减少幅度均小于乡村区域,而二者冷昼日数(TX10p)的减少幅度基本相当,极端暖事件(TN90p、TX90p)的增加幅度则均大于乡村区域。同时,从表 8.8 给出的城乡区域 DTR 差值显示,乡村区域的 DTR 趋势减少幅度均大于城市区域,4 个时间段分别达到 0.070 ℃/10a、0.048 ℃/10a、0.051 ℃/10a、0.065 ℃/10a(均通过 $\alpha=0.05$ 显著性水平检验)。

### 8.1.4.2 季节尺度变化分析

如图 8.7 所示,天津地区 4 个时间段季节 TNn 均呈显著增加趋势(通过显著性水平检验),其中,冬季趋势增加幅度最为明显(图 8.7d),春季次之(图 8.7a),夏季相对最小(图 8.7b)。对于 TXx 来说,春秋季趋势幅度增加明显(图 8.7a、8.7c)(除 1959—2000 年以外),夏冬季相对最小(图 8.7b、8.7d),除 4 个时间段的秋季和 1959—2017 年春秋季外,均没有通过显著性水平检验,说明从长时间尺度来看,天津地区各季节 TXx 的趋势增暖变化是不具有代

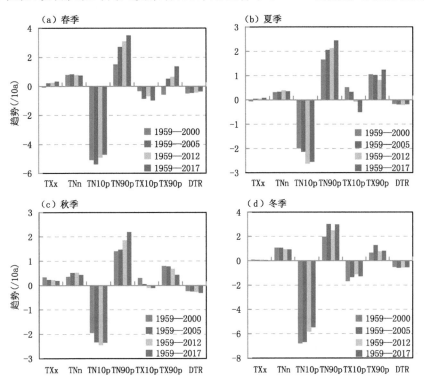

图 8.7 天津地区季节平均极端温度指数趋势变化(a)春季,(b)夏季,(c)秋季,(d)冬季

(图中各指数单位同表 8.8)

表性的,与年尺度变化一致(表 8.8)。对于城市和乡村区域来说,除 1959—2000 年秋季以外,4 个时间段城乡区域季节 TNn 均呈显著增加趋势变化(通过 $\alpha=0.05$ 显著性水平检验)(表略)。从城乡差值来看(表 8.9),乡村区域的增加幅度明显大于城市区域,特别是冬季,春季次之,4 个时间段冬季 TNn 城乡差值均在 0.1 ℃/10a 以上,并且乡村区域的增加幅度均大于相同时间尺度的区域平均(图 8.7)。与之相反,对于 TXx 来说,城市区域各季节趋势增加(减少)幅度均大于(小于)乡村和区域平均(表略),春秋季差异较大,冬季差异最小,但同样 4 个时间段城乡区域 TXx 的趋势变化幅度基本不显著。

表 8.9　天津城市和乡村区域季节平均极端温度指数趋势变化差值(1/10a)

|  |  | TXx | TNn | TN10p | TN90p | TX10p | TX90p | DTR |
|---|---|---|---|---|---|---|---|---|
| 1959—2000 年 | 春 | 0.154 | −0.093* | 0.319* | 0.150* | −0.205 | 0.595 | 0.077* |
|  | 夏 | 0.088 | −0.082* | 0.048* | −0.084* | −0.047 | 0.203 | 0.080 |
|  | 秋 | 0.126* | −0.043 | 1.019 | 0.547 | −0.008 | 0.359 | 0.111 |
|  | 冬 | 0.000 | −0.170* | 0.201* | 0.249* | −0.082 | 0.414 | 0.050* |
| 1959—2005 年 | 春 | 0.117 | −0.092* | 0.238* | 0.254* | −0.124 | 0.528 | 0.061* |
|  | 夏 | 0.067 | −0.038* | −0.133* | 0.118* | 0.020 | 0.192 | 0.045* |
|  | 秋 | 0.090 | −0.025* | 0.769* | 0.432* | −0.128 | 0.266 | 0.053* |
|  | 冬 | 0.000 | −0.129* | 0.143* | 0.187* | −0.012 | 0.119 | 0.052* |
| 1959—2012 年 | 春 | 0.094 | −0.070* | 0.228* | 0.203* | 0.010 | 0.333 | 0.063* |
|  | 夏 | 0.052 | −0.025* | −0.013* | 0.258* | 0.052 | 0.352 | 0.051* |
|  | 秋 | 0.086 | −0.001* | 0.456* | 0.389* | −0.015 | 0.040 | 0.023* |
|  | 冬 | −0.011 | −0.165* | 0.304* | 0.138* | 0.082 | 0.088 | 0.064* |
| 1959—2017 年 | 春 | 0.075* | −0.063* | 0.242* | 0.063* | 0.015 | 0.212* | 0.067* |
|  | 夏 | 0.058 | −0.022* | 0.054* | 0.132* | −0.085 | 0.430 | 0.067* |
|  | 秋 | 0.062 | −0.019* | 0.357* | 0.198* | −0.064 | 0.111 | 0.044* |
|  | 冬 | 0.002 | −0.174* | 0.299* | −0.097* | −0.001* | 0.106 | 0.087* |

如图 8.8 所示,天津地区 4 个时间段各季节 TN10p、TN90p、TX10p 及 TX90p 趋势变化特点分别与对应年尺度一致(图 8.6),极端冷事件(TN10p、TX10p)均呈减少趋势(除 1959—2000/2005 年夏秋季 TX10p 外),而极端暖事件(TN90p、TX90p)均呈增加趋势(除 1959—2000 年春季 TX90p 外)。并且从变化幅度来看,同样表现出了夜极端事件(TN10p、TN90p)远远大于日极端事件(TX10p、TX90p)的特点(图 8.7),特别是冬季(图 8.7d)和春季(图 8.7a),4 个时间段冬季极端冷事件(TN10p、TX10p)趋势幅度差异最大(春季次之),分别达 −5.110 d/10a、−5.343 d/10a、−4.728 d/10a、−4.199 d/10a;而春季的极端暖事件(TN90p、TX90p)差异最大(冬季次之),均在 2.1 d/10a 以上。所以,导致了各个季节 DTR 均呈显著的趋势减少变化,而且从幅度来看,4 个时间段冬季减少最为突出,分别达 −0.526 ℃/10a、−0.579 ℃/10a、−0.560 ℃/10a、−0.540 ℃/10a,春季次之,夏季相对最小。

对于城乡区域 4 个时间段的季节 TN10p、TN90p、TX10p 及 TX90p 事件来说,无论是趋势变化特点还是变化幅度的显著性均与对应区域平均一致(图 8.7,图 8.8)。从城乡对比来看(表 8.9),对于极端冷事件(TN10p、TX10p)来说,乡村区域的 TN10p 显著减少趋势幅度均要

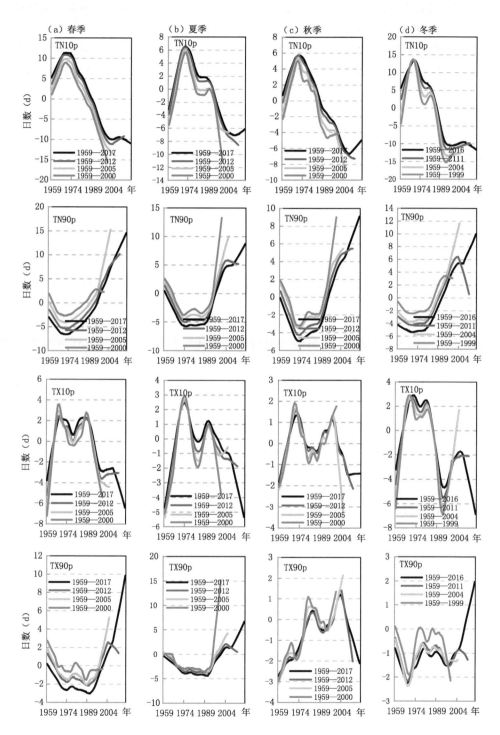

图 8.8　天津地区季节平均冷夜 TN10p、暖夜 TN90p、冷昼 TX10p、暖昼 TX90p 极端事件低通滤波平滑曲线
（1959—2000 年，1959—2005 年，1959—2012 年，1959—2017 年）(a)春季，(b)夏季，(c)秋季，(d)冬季

大于城市区域(除 1959—2005/2012 年夏季以外),TX10p 基本表现为乡村区域的趋势减少(增加)幅度小于(大于)城市区域;而极端暖事件(TN90p、TX90p)则均表现为城市区域的趋势增加幅度大于乡村区域(除 1959—2000 年春夏季和 1959—2017 年冬季以外)。所以,总的来看,城市化导致的极端气温增暖影响在乡村极端冷事件有明显表现,而对于城市区域则表现在极端暖事件的变化中。同样,城乡区域各个季节 DTR 均呈现显著减少趋势(均通过 $\alpha=0.05$ 显著性水平检验),冬季幅度相对最大,春季次之,夏秋季相对较小,其中,1959—2005 年冬季城市和乡村区域 DTR 减少幅度最为明显,分别为 0.555 ℃/10a、0.607 ℃/10a(表略)。从城乡对比来看(表 8.9),乡村区域各季节 DTR 减少幅度均比城市区域的更加明显,4 个时间段城乡区域冬季 DTR 趋势差值幅度分别为 0.050 ℃/10a、0.052 ℃/10a、0.064 ℃/10a、0.087 ℃/10a(均通过 $\alpha=0.05$ 显著性水平检验)。因此,结合上述分析,更加说明了天津乡村区域受城市化影响的突出性。

### 8.1.5　小结

利用均一化的逐日气温观测资料,基于定时观测气温整合数据对城乡台站的划分结果,对天津地区的平均气温、极端气温及城市化影响导致的气温增暖变化特征及其幅度进行了重新分析和评估,得到以下结论:

(1)通过对 1961—1990 年、1971—2000 年、1981—2010 年 3 个 30 年平均气温、最高和最低气温统计发现,天津地区近 60 年来的气温增暖是毋庸置疑的,特别是 1981 年以来更为明显。近年来的城市化发展导致部分乡村地区的气温增暖相对城区更为显著,这一研究结论在 Si et al.(2014)对我国华北地区极端气温增暖的未来预估中有所体现。

(2)1959—2000 年、1959—2005 年、1959—2012 年、1959—2017 年 4 个时间段天津地区的年平均气温均呈显著上升趋势变化,升高幅度分别达 1.35 ℃、1.65 ℃、1.71 ℃、2.05 ℃,均高于 IPCC 的 3 次评估报告和中国蓝皮书给出的全球、亚洲及中国区域百年(或近 60 多年)年平均气温的升高幅度。其中,冬季上升幅度相对最大,分别为 2.45 ℃、2.82 ℃、2.55 ℃、2.86 ℃。从统计角度来看,天津地区出现了显著的增暖变缓现象,1998—2012 年的年平均气温变化趋势为 -0.437 ℃/10a,但该现象在各个季节尺度中表现并不显著。

(3)从城乡对比来看,城市化导致的天津地区年平均气温增暖是逐年增强的,4 个时间段分别达 0.05 ℃、0.06 ℃、0.08 ℃、0.11 ℃,增暖贡献达 3.73%、3.71%、4.73%、5.17%。但对于冬季来说,乡村区域气温增暖幅度明显大于城市区域,其年和其他季节最低气温的上升趋势均比城市区域更为突出。

(4)对于极端气温变化来说,天津地区 4 个时间段的年平均 TNn 和 TXx 均表现出趋势增加变化,极端冷事件(TN10p、TX10p)表现出明显的减少趋势,而极端暖事件(TN90p、TX90p)则表现出明显的增加趋势。日极端事件(TX10p、TX90p)的趋势变化幅度远远小于夜极端事件(TN10p、TN90p),导致日较差(DTR)显著减小,4 个时间段区域年平均 DTR 趋势幅度分别达 -0.357 ℃/10a、-0.362 ℃/10a、-0.371 ℃/10a、-0.337 ℃/10a。这些变化特点同样表现在季节尺度上,特别是冬季和春季。并且通过城乡对比发现,相对城市区域,城市化对乡村区域的年和季节极端气温增暖影响表现得更为突出。

气候资料的均一化研究并不是一成不变的,需要在实践应用中不断进行探索,改进研究方法和技术手段,最终才能得到相对可靠的均一化数据产品(Si et al.,2019)。本节所采用的均一化逐日气温数据是结合天津局地气象观测站实际情况,通过改进均一化研究技术中的不足而得到的,一定程度上增强了研究结论的可靠性。本节的分析一方面肯定了前人对局地平均气温和极端气温的研究结论,如局地气温增暖的共识、日最低气温比日最高气温具有更广、更显著的增暖趋势等;另一方面还得出了一些新的结论,如城市化导致的区域或局地气温增暖变化,不仅仅是城市气候的显著特征,更是一个地方发展程度的代表,因为从观测事实来看,天津地区的城市化对其乡村区域的平均气温和极端气温增暖影响相对城市区域更为突出;另外,对于增暖停滞现象,从统计角度,在天津地区年尺度的温度变化中有所体现,但是在季节尺度变化中并不显著,说明目前的观测数据并不足以支持或否定天津地区变暖停滞的结论,而出现的年尺度气温变化可能主要是由于大背景气候系统内部(如北大西洋涛动、太平洋十年涛动、大西洋多年代振荡等)的相互作用导致的阶段性升温变缓或气温降低所致(Guan et al.,2017)。因此,通过本节的研究分析一定程度上能够对天津地区的气温增暖变化及其城市化影响给予新的认识。

## 8.2　极端温度事件对我国华北农业气候资源的影响

气候系统的变暖是毋庸置疑的,几乎确定的是,整个 21 世纪全球日温度极暖事件的出现频率和幅度将会增加,而极冷事件将会减少,预估的干旱、热浪等及其产生的不利影响也将会增加(IPCC,2012)。所有大陆和大部分海洋的观测证据表明,许多自然系统正在受到区域气候变化的影响,特别是温度升高的影响(IPCC,2007b)。根据 20 世纪 80 年代初以来的卫星观测显示,在许多区域春季已出现植被"返青"提前的趋势,这与近期变暖而使其生长季节延长有关(IPCC,2007b)。中国大陆地区也表现出了与全球极端温度事件一致的变化特点(任国玉等,2014;杨萍 等,2014;Wang et al.,2013;章大全 等,2008;丁一汇 等,2007;Zhai et al.,2003),与此同时,我国近 50 年来因气象灾害导致的农业受灾面积不断扩大,农业经济损失逐年升高,极端事件发生频率和强度的不断增加,也加大了农业生产的风险(房世波 等,2011)。

作为增暖显著的北方地区,极端气温增暖俨然成为不可争辩的事实(Zhao et al.,2013;王冀 等,2012),并且随之带来的农业生产的不稳定性和自然风险也是不言而喻的。张建平等(2006)采用作物模型结合气候模式研究得到,未来 100 年内华北地区冬小麦的生长期可能会有所缩短,产量会有不同程度的下降。谭凯炎等(2009)通过对我国气候变暖中增温的非对称性研究发现,最低气温升高能够促使农作物整个生长季延长,同时也会促使早春作物物候期提前。另外,姬兴杰等(2011)利用北方冬麦区 18 个农业气象观测站 1983—2005 年气象资料和冬小麦生育期观测资料分析得到,北方冬麦区冬小麦返青期、抽穗期和成熟期提前主要是由于气温增加所致,并且以最低气温的变暖影响最为明显。

然而,对于我国北方地区极端增暖事件的研究,目前主要基于气温极值和相对阈值的分析(Si et al.,2014;石英 等,2014;高霁 等,2012),对影响农业生产经济的极端温度指标(即绝对阈值)的研究甚少。与此同时,对于分析和监测极端事件(包括干旱、极端温度等)的变化来说,需要具有高时空分辨率和长时间的气候资料,因此,随着气象观测序列的增长势必会迫使人们重新认识一个地区的农业气候资源(IPCC,2012)。所以,从长时间尺度考虑极端气候异常给农业经济带来的影响,更正以往仅利用较少年数气候资料得到的农业气象灾害分析结果是非常必要和重要的。

　　本节利用 WMO(World Meteorological Organization,世界气象组织)气候委员会等组织联合成立的气候变化监测和指标专家组(ETCCDI)(Peterson et al.,2001)定义的温度绝对阈值来分析观测到的华北区域 1961—2014 年极端温度事件的变化特征及其对农业经济带来的影响。同时,利用区域气候模式 RegCM4.0 中 RCP4.5 和 RCP8.5 两种排放情景下的模拟结果,对华北区域未来极端温度事件的变化趋势进行预估。拟通过观测事实和模式预估的相互印证,为该地区农业经济的可持续发展提供有利的科学保障。

### 8.2.1　研究资料

#### 8.2.1.1　地面观测资料

　　地面观测资料由国家气象信息中心提供,主要从北京、天津、河北、内蒙古以及山西五省(自治区、直辖市)中,依据时间序列的长度、资料完整性对台站进行筛选。剔除缺测数据大于全序列长度 1% 或者有连续缺测年的台站,最终选取 262 个基准、基本和一般站 1961—2014 年的逐日平均、最低、最高气温序列进行研究。台站筛选结果,如图 8.9 所示。

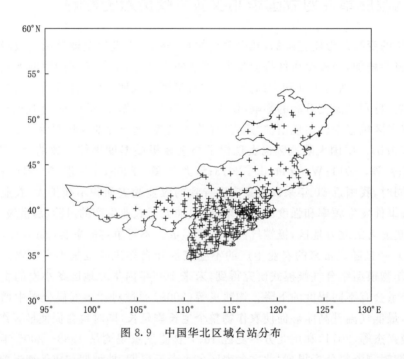

图 8.9　中国华北区域台站分布

#### 8.2.1.2　区域气候模式模拟数据

　　模拟数据为国家气候中心提供的区域气候模式 RegCM4.0,单向嵌套 BCC_CSM1.1(Beijing Climate Center_Climate System Model version 1.1)全球气候系统模式,分别在典型浓度路径(Representative Concentration Pathways, RCPs)RCP4.5 和 RCP8.5 排放情景下的输出结果(以下简称 RCP4.5、RCP8.5),连续模拟积分时间为 1950—2099 年,其中,以 1986—2005 年代表当代气候时段,2006—2099 年代表未来的预估时段,水平分辨率为 50 km。区域气候模式 RegCM 系列产品已经被广泛地应用于中国气候变化评估中(徐集云 等,2013;高学杰等,2012),该数据可较好地再现中国地区当代地面气温空间分布及数值,同时,对未来极端气候事件也有较好的模拟能力(Gao et al.，2013;吉振明，2012)。依据地面观测资料筛选的262 个台站信息,选取距离每个站点最近的格点值作为模拟预估的研究对象。

## 8.2.2　研究方法

### 8.2.2.1　地面观测资料的质量控制和均一性分析

观测到的极端事件变化信度取决于资料的质量和数量,以及对这些资料分析研究的可获得性(IPCC，2012)。因此,依照文献 Si et al.(2014)的数据分析方法,首先对选出的 262 个地面气象观测站建站以来的逐日平均、最低、最高气温资料进行了基本逻辑检验,并且利用RHtestsV3 方法(Wang，2008a;Wang et al.，2007),结合台站元数据,对质控后的数据进行了均一性检验,重点针对迁站造成的时间序列不连续进行了订正。同时,为保证订正后数据的可靠性,研究中将订正后的气温资料与中国均一化历史气温数据集(CHHT)(Xu et al.，2013;Li et al.，2009a)做了对比分析。结果显示,两种方法订正得到的平均、最低、最高气温趋势变化幅度基本在同一量级内,并且趋势变化特点一致。因此,利用 RHtestsV3 方法分析得到的气温观测资料来评估华北区域极端温度事件是相对可靠的。

### 8.2.2.2　极端气温指数定义

极端温度事件采用 ETCCDMI 定义(Peterson et al.，2001)的 7 个气温指数进行分析,分别包括 5 个绝对阈值和 2 个相对阈值(表 8.10)。

**表 8.10　极端气温指数的定义**

| 分类 | 指数 | 名称 | 定义 | 单位 |
|---|---|---|---|---|
| 绝对阈值 | FD | 霜冻日数 | 一年中日最低气温(TN)<0℃的日数 | d |
| | SU | 夏季日数 | 一年中日最高气温(TX)>25℃的日数 | d |
| | ID | 结冰日数 | 一年中日最高气温(TX)<0℃的日数 | d |
| | TR | 热夜日数 | 一年中日最低气温(TN)>20℃的日数 | d |
| | GSL | 生长期 | 北半球从 1 月 1 日(南半球为 7 月 1 日)开始,至少连续 6 天日平均气温>5℃的日期为初日,7 月 1 日(南半球 1 月 1 日)以后连续 6 天日平均气温<5℃的日期为终日,初日和终日之间的日数为生长期 | d |
| 相对阈值 | WSDI | 异常暖昼持续指数 | 每年至少连续 6 天日最高气温(TX)>90%阈值的日数 | d |
| | CSDI | 异常冷昼持续指数 | 每年至少连续 6 天日最低气温(TN)<10%阈值的日数 | d |

### 8.2.2.3　区域平均序列的建立

华北区域平均序列的构造(Li et al.，2004a;司鹏 等，2010a),即将区域内 262 个台站的年平均温度(积温、极端气温)序列做主分量(PCA)分析,以展开后的第一主成分的荷载平方作为权重系数,对所有台站的温度序列进行加权平均,得到区域平均的气温序列。这样可以消除个别不合理序列带来的偏差,能够比等权的区域平均序列更好地反映出区域温度异常变化的信号。同时,采用荷载的平方作为权重系数可以避免区域内不同台站之间因地形、海拔高度等因素造成的影响。

### 8.2.3　观测到的华北区域极端温度事件

#### 8.2.3.1　热量资源的气候变化

积温是制约作物全生育期或某一段生育期能否顺利完成的重要因子之一,也是研究作物生长发育对热量的要求和评价热量资源的重要指标(宋迎波 等,2006)。因此,本节通过分析能够代表三大粮食作物小麦、玉米、水稻生长发育的指标温度(0 ℃、10 ℃、15 ℃)的积温变化来对华北区域的热量资源进行分析(刘俊明 等,2001)。

图 8.10 分别给出近 50 年来华北区域≥0 ℃、10 ℃、15 ℃活动积温趋势变化的时空分布。从图 8.10a、图 8.10c、图 8.10e 可以看出,各界限温度的空间分布特点基本一致,主要表现为北京中部、天津和内蒙古大部积温趋势增加最为显著,变化幅度为 75~100 ℃/10a;山西、河北大部增温趋势主要集中在 50~75 ℃/10a;而山西东南部、河北东北部和西南部等地区增暖趋势相对较小,幅度为 25~50 ℃/10a,其中有部分局部地区出现了积温负趋势变化。另外,从图 8.10a、8.10c、8.10e 对比来看,≥15 ℃活动积温的高值增暖范围相对较大,≥0 ℃和≥10 ℃活动积温则基本相当,突出表现在内蒙古地区。

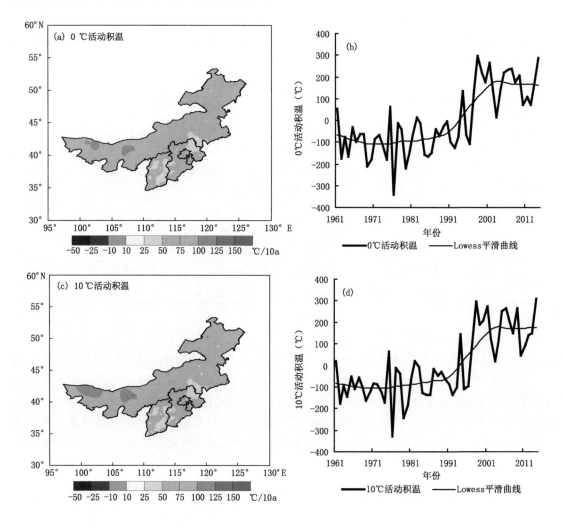

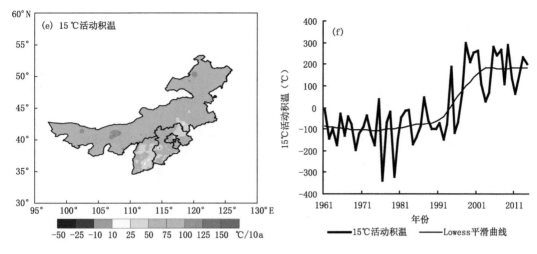

图 8.10　1961—2014 年中国华北区域活动积温趋势变化的空间分布和时间分布
0℃活动积温(a)、(b);10℃活动积温(c)、(d) 和 15℃活动积温(e)、(f)

从时间分布来看,如图 8.10b、图 8.10d、图 8.10f 所示,整个华北区域 1961—2014 年各界限温度的活动积温呈明显的上升趋势,特别是 20 世纪 90 年代初至 21 世纪初期,趋势增加较为显著。从变化幅度来看(表 8.11),≥15 ℃的活动积温趋势增加相对较大,为 70.2 ℃/10a,≥0℃和≥10℃趋势值相当,分别为 68.7 ℃/10a 和 68.4 ℃/10a。因而,结合空间分布特征的分析结果,反映出≥15 ℃活动积温持续时间的相对增加,一定程度上会导致北方耐寒作物如冬小麦适宜播种期的推迟,缩短其整个生育期,这一结果与高素华等(1996)和张建平等(2006)研究气候变暖对我国冬小麦生长发育和产量影响得到的一致。与此同时,≥15 ℃活动积温的显著增加也会延长喜温作物如水稻、玉米等灌浆成熟过程。另外,≥0 ℃和≥10 ℃活动积温趋势的显著增加,亦会造成无霜期的延长,有利于水稻、早春玉米等喜温作物的生长,由此,可适当提早对该类作物的种植时间。

表 8.11　1961—2014 年中国华北区域积温的趋势变化(℃/10a)

|  | ≥0℃ | ≥10℃ | ≥15℃ |
|---|---|---|---|
| 活动积温 | 68.7* | 68.4* | 70.2* |
| 有效积温 | — | 43.3* | 30.1* |

注:表中 * 表示通过显著性 0.05 检验

图 8.11 分别给出近 50 年来华北区域>10 ℃、15 ℃有效积温趋势变化的时空分布。有效积温稳定性较强,常用来表示作物生长发育对温度的要求(宋迎波 等,2006)。如图 8.11a、图 8.11c 所示,与活动积温(图 8.10c,图 8.10e)趋势变化一致,华北区域 1961—2014 年各界限温度的有效积温均以趋势增加为主要分布特征,增暖幅度基本为 25～50 ℃/10a,但是>10 ℃有效积温的趋势增加幅度明显大于 15 ℃有效积温,突出表现在内蒙古北部和西部地区(图 8.11a),其增暖幅度为 50～75 ℃/10a。相比>10 ℃有效积温来说,15 ℃的有效积温在山西大部、河北西南和东北部等增暖趋势相对较小,甚至在山西南部负趋势范围明显增大(图 8.11c)。从时间分布来看(图 8.11b、图 8.11d),同样,与活动积温一致,1961 年以来,华北区域各界限温度的有效积温均呈明显的增暖趋势,显著增暖期也主要集中在 20 世纪 90 年代初至 21 世纪初期,

＞10 ℃、15 ℃有效积温的趋势增暖幅度分别为 43.3 ℃/10a、30.1 ℃/10a(表 8.11)。

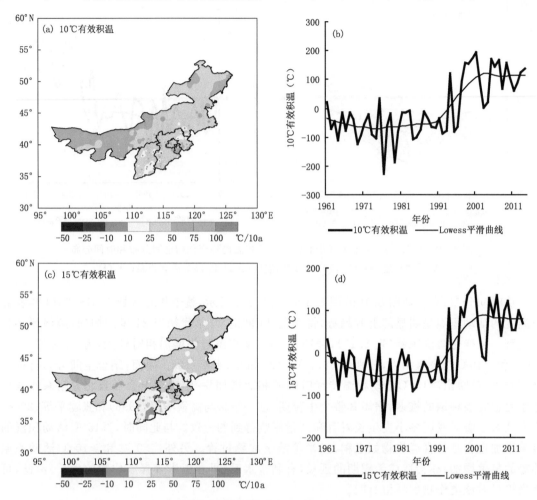

图 8.11　1961—2014 年中国华北区域有效积温趋势变化的空间分布和时间分布
10℃有效积温(a)、(b) 和 15℃有效积温(c)、(d)

　　因此,从以上分析表明,近 50 年来,在气候增暖的大背景下,华北区域的热量资源是显著增加的,特别是北部的内蒙古地区。积温的逐年升高一定程度上会造成冬小麦生育期的缩短,特别是冬性品种无法经历足够的寒冷期而不能满足春化作用,致使总干重和穗重的减少,从而可能导致产量的下降。但同时有效积温的升高,也会大大改善越冬条件,降低冬小麦的越冬死亡率,减少了种植风险。另外,北部热量资源的显著增加亦会对北方喜温作物水稻、玉米的生长有利,有利于其单产的提高和种植面积的扩大。然而,由于山西东南部、河北东北部和西南部多为高山地区,造成其积温升高幅度不大甚至出现负趋势的现象,特别是＞15 ℃的有效积温的趋势变化(图 8.11c)。

　　气温日较差是衡量一地农业气候资源质量的重要指标,也是代表作物生长期间对热量强度的要求。对于日较差趋势的空间分布来说(图 8.12a),近 50 年来,华北区域气温日较差基本呈明显的减少趋势,特别是内蒙古大部、华北区域东南部,说明日最低气温的升温速率大于日最高气温。同样,时间变化曲线也显示出显著的减少趋势(图 8.12b),变化幅度为−0.291

℃/10a。类似王石立等(2003)对资料的估算方法,利用日最低气温代表夜间温度,那么随着华北区域夜间温度的升高,作物夜间的呼吸消耗也随之增大,一定程度上减少了干物质的积累,可能会对作物的品质造成影响。

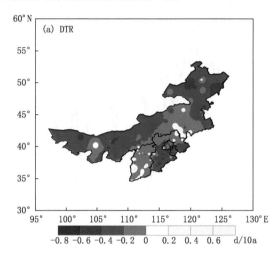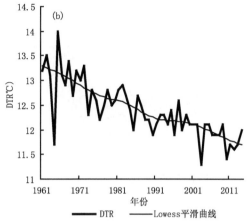

图 8.12　1961—2014 年中国华北区域气温日较差趋势变化的空间分布(a)和时间分布(b)

### 8.2.3.2　极端温度的变化

图 8.13 给出与农业生产经济相关的极端气温指数的时空分布。如图所示,5 个极端指数的空间分布与热量资源(图 8.10、图 8.11)表现出较大的一致性,其中代表暖事件的生长期 GSL(图 8.13a)和夏季日数 SU(图 8.13g)除了在河北东北部和西南部表现出趋势增加较小,甚至有局地呈现出日数减少趋势外,华北其他区域基本呈现出增加的趋势,增加日数均集中在2～4 d/10a,并且在内蒙古的西部和东部,GSL 和 SU 分别出现了 4～6 d/10a 的增加幅度。而代表冷事件的霜冻日数 FD(图 8.13c)和结冰日数 ID(图 8.13e)则表现出显著的减少趋势,其中 FD 的减少幅度相对较大,主要集中在−5～−3 d/10a,而 ID 的减少幅度主要为−3～−1 d/10a,并且在河北的西南部出现了趋势减少幅度不明显的分布。综合 FD、ID 和 SU 的趋势幅度变化,能够反映出华北区域日最低气温的增暖变化要大于日最高气温的,但是日最低气温

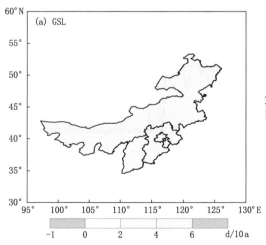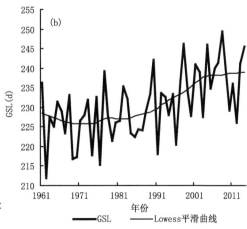

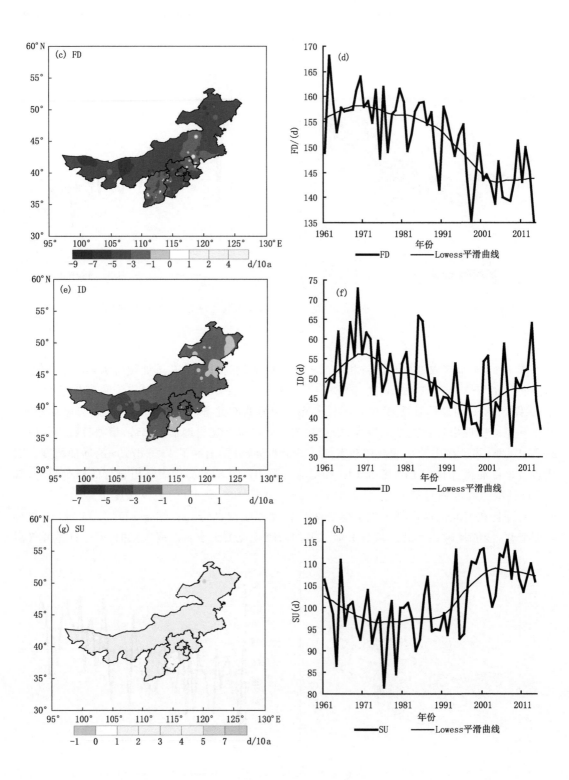

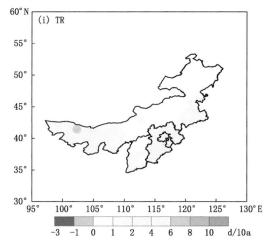 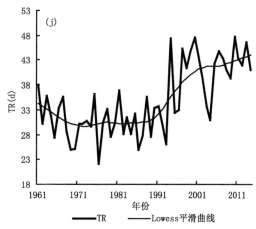

图 8.13 1961—2014 年中国华北区域极端气温指数趋势变化的空间分布和时间分布

GSL (a)、(b)；FD (c)、(d)；ID (e)、(f)；SU (g)、(h) 和 TR (i)、(j)

的升温速率并不是无限度的增长下去,如图 8.13i 热夜日数 TR 的分布,图中显示,除了华北区域西部和东南部有明显的增加趋势外,其他地区的热夜日数趋势基本没有变化,尤其是内蒙古大部。因而,对于华北区域来说,尽管近 50 年来气温日较差有显著的减小趋势,但是由于日最低气温升高的有限性,对于作物光合物质的转化、积累和贮存并不是一味的减弱,特别是气温较低的北部地区。

对于时间分布来说,1961—2014 年华北区域平均的生长期 GSL(图 8.13b)和夏季日数 SU(图 8.13h)均呈显著增加趋势,增加幅度分别为 3.0 d/10a、2.6 d/10a(表 8.12)。但是从年代际变化来看,GSL 的明显延长时期始于 20 世纪 80 年代初,并呈持续的增加趋势,与气温日较差 DTR(图 8.12b)形成很好的反对应关系;SU 与热量资源的时间分布一致,明显增加主要集中在 20 世纪 90 年代初至 21 世纪初期,同样,这一变化特点还表现在热夜日数 TR 的时间序列中(图 8.13j)。对于冷事件来说,霜冻日数 FD(图 8.13d)和结冰日数 ID(图 8.13f)的时间序列均呈减少趋势,幅度分别为 −3.8 d/10a、−2.1 d/10a(表 8.12),特别是 FD 从 20 世纪 70 年代开始至 21 世纪初期呈持续的减少趋势,ID 则有两个明显的减少时段,分别是 20 世纪 70 年代和 80 年代初到 90 年代末,而在 20 世纪 60 年代和 2000 年以后有明显的增加趋势。

表 8.12 1961—2014 年中国华北区域极端气温指数的趋势变化 (d/10a)

| 指数 | GSL | FD | ID | SU | TR | WSDI | CSDI |
|---|---|---|---|---|---|---|---|
| 趋势系数 | 3.0* | −3.8* | −2.1* | 2.6* | 2.9* | 1.1* | −0.4* |

注:表中 * 表示通过显著性 0.05 检验。

华北区域近 50 年来异常暖昼 WSDI 的时间序列变化特点与热量资源(图 8.10、图 8.11)的基本一致,明显增加趋势集中在 20 世纪 90 年代初至 21 世纪初期,幅度为 1.1 d/10a(表 8.12)。而异常冷昼 CSDI 的曲线变化特点与结冰日数 ID(图 8.13f)有相似之处,20 世纪 60 年代日数有增加趋势,70 年代到 90 年代中期呈减少变化,趋势幅度为 −0.4 d/10a(表 8.12)。对于整个华北区域来说,有 43% 左右的台站异常暖昼 WSDI 是显著增加的(通过显著性 α = 0.05 检验),主要分布在华北中西部和北部地区,增加幅度 1~2 d/10a。而对于异常冷昼 CS-

DI 来说,仅有 10% 左右的台站日数是显著减少的(通过显著性 $\alpha = 0.05$ 检验),主要分布在华北西部和北部局部地区,幅度为 $-1\sim-2$ d/10a。因而,从空间分布来看,WSDI 和 CSDI 趋势的显著变化均在内蒙古部分区域有所体现,因此,二者的时空变化分析结果也印证了日最高、最低气温在内蒙等北部地区的显著增暖变化。

### 8.2.4　未来华北区域极端温度事件

本节对华北区域未来气温变化的预估使用了两种排放情景 RCP4.5 和 RCP8.5 的输出结果,时段为 2006—2099 年。RCP 情景是根据辐射强迫作为分类标准,现在和未来很长一段时间内,RCP 情景将是气候变化、影响评估及减排等研究中使用的主要温室气体排放情景。代表较高排放情景的 RCP8.5,是指到 2100 年辐射强迫达到 8.5 W/m²,并将继续上升一段时间;中间稳定路径 RCP4.5 代表辐射强迫在 2100 年之前达到 4.5 W/m²,两种排放情景均包括温室气体、气溶胶、化学活性气体及土地利用的排放和浓度时间序列(Richard et al.,2008)。

#### 8.2.4.1　热量资源的气候变化预估

图 8.14 分别给出华北区域 RCP4.5 和 RCP8.5 两种排放情景下,$\geqslant 0$ ℃、10 ℃、15 ℃活动积温未来趋势变化的分布情况。图 8.14 中显示,华北区域未来的活动积温均为增暖的趋势

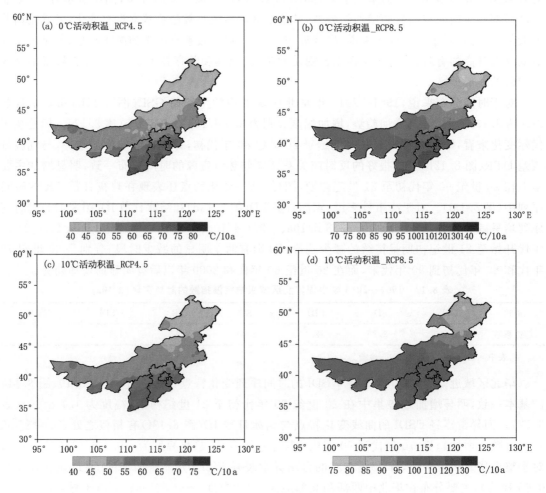

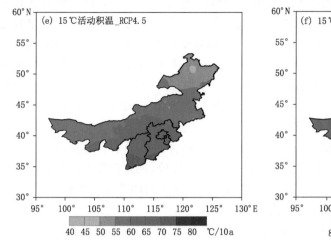
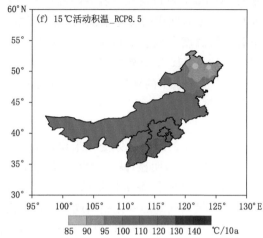

图 8.14　1961—2099 年中国华北区域活动积温未来趋势变化的空间分布

RCP4.5 (a)、(c)、(e) 和 RCP8.5 (b)、(d)、(f)

变化,并且幅度依纬度的递减呈现出有层次性的递增变化,其中,RCP8.5 排放情景下(图 8.14b、图 8.14d、图 8.14f)各界限温度的活动积温增暖较大,幅度为 73~131 ℃/10a,明显高于当前观测到的积温变化(图 8.10a、图 8.10c、图 8.10e);而 RCP4.5 排放情景下(图 8.14a、图 8.14c、图 8.14e)的趋势增暖幅度较小,为 41~76 ℃/10a,这主要与假定的排放情景有关(Gao et al., 2013)。

从时间分布来看,华北区域 RCP4.5 和 RCP8.5 两种排放情景下各界限温度的活动积温均有显著的上升趋势,特别是 RCP8.5 排放情景的时间序列上升较为明显,并呈现出持续性的增暖变化,与之不同的是,RCP4.5 排放情景的时间序列在 21 世纪中期(2060 年左右)以后处于平稳的趋势变化,这一特点与观测事实相一致(图 8.10b、图 8.10d、图 8.10f)。同样,从表 8.13 统计得到的 1961—2099 年华北区域未来活动积温的趋势幅度显示,RCP8.5 排放情景的趋势增暖最为显著,明显高于观测事实(表 8.11),而 RCP4.5 排放情景的趋势增暖幅度相对较小。但与观测事实一致的是,不论是 RCP4.5 还是 RCP8.5 排放情景下,其未来的华北区域≥15 ℃活动积温的趋势增加幅度均较大,≥0 ℃和≥10 ℃的趋势增加幅度均相当。

表 8.13　1961—2099 年中国华北区域积温的未来趋势变化预估(℃/10a)

|  | 活动积温 | | 有效积温 | |
| --- | --- | --- | --- | --- |
|  | RCP4.5 | RCP8.5 | RCP4.5 | RCP8.5 |
| ≥0℃ | 58.3* | 106.0* | — | — |
| ≥10℃ | 58.5* | 107.2* | 42.1* | 77.4* |
| ≥15℃ | 64.3* | 115.8* | 32.9* | 61.2* |

注:表中 * 表示通过显著性 0.05 检验

与活动积温的未来趋势变化特点一致,华北区域未来的有效积温均表现出增暖的趋势变化,并且幅度的增加基本与纬度的变化呈反比。从变化幅度来看,>10 ℃有效积温的趋势增加较明显,RCP4.5 和 RCP8.5 排放情景下分别为 24~56 ℃/10a,46~97 ℃/10a;>15 ℃有效积温的趋势增加较小,RCP4.5 和 RCP8.5 排放情景下分别为 13~48 ℃/10a、28~84 ℃/10a。但总的来看,RCP8.5 排放情景下各界限温度有效积温的增暖趋势明显高于当前观测到的有效积温变化。对于时间序列变化来说,有效积温的时间变化特点与活动积温一致,RCP8.5 排放情景下各界限温度有效积温随时间呈明显的持续上升趋势,变化幅度明显大于观测事实(表8.11),>10 ℃、15 ℃有效积温的预估趋势值分别为 77.4 ℃/10a、61.2 ℃/10a(表 8.13);而RCP4.5 排放情景下的未来华北区域有效积温在 21 世纪中期(2060 年)以后表现出平稳的趋势变化,幅度值较小,>10 ℃、15 ℃有效积温的预估趋势值分别为 42.1 ℃/10a、32.9 ℃/10a(表 8.13)。

对于日较差的未来趋势变化来说,RCP8.5 和 RCP4.5 两种排放情景下的预估值均没有观测事实(图 8.12)明显,减小幅度也均没有通过显著性 0.05 检验,一定程度上反映出在未来几十年的气候变化中,华北区域的日最低气温不会像近 50 年观测到的升温速率较显著,而很可能会与日最高气温的变化相当或低于日最高气温的增温速率。

综合上述分析可以看出,现在和未来一段时间内,华北区域的热量资源势必会有显著的增加趋势,特别是在高排放情景下(RCP8.5)的模拟预估,并且各界限温度的积温趋势变化特点基本一致。但是通过对当前观测事实、RCP4.5、RCP8.5 排放情景下的积温时空变化的对比发现,人类活动对大气环境的影响只要维持在相对稳定的状态下,如 RCP4.5 排放情景下,气温的大幅度增暖是可控的,甚至在未来几十年里能够达到增暖幅度低于当前观测到的平缓趋势。

### 8.2.4.2　极端温度变化的模拟预估

RCP8.5 排放情景下各极端气温指数的趋势变化幅度明显大于 RCP4.5 排放情景,但从空间分布特点来看,二者对应的各极端指数基本一致。代表暖事件的生长期 GSL 未来趋势增加较为显著的主要集中在山西和河北南部,RCP4.5 和 RCP8.5 排放情景下的幅度分别约为1.8~2.5 d/10a 和 2.8~3.5 d/10a,而其他大部分地区的增加日数分别集中在 1~2 d/10a、2~3 d/10a;对于另一暖事件指数夏季日数 SU 来说,两种排放情景下的未来趋势,均以山西北部和内蒙古中部地区为中心向周围逐渐减小,变化幅度分别为 1.3~2.9 d/10a、2.7~4.9d/10a。代表冷事件的霜冻日数 FD 两种排放情景下均在内蒙古北部、中部部分地区、山西和河北南部地区的趋势减少幅度相对突出,而对应的结冰日数 ID 在该地区日数减少较小。另外,从幅度变化来看,未来华北区域 FD 的趋势减少相对较大,RCP4.5 和 RCP8.5 排放情景下的幅度范围分别-2.3~-1.4 d/10a、-3.5~-2.4 d/10a;而结冰日数 ID 的未来趋势变化范围则分别集中在-2.2~-0.6 d/10a、-3.4~-0.8 d/10a。同样,与当前观测事实(图 8.13i)一致的是,未来华北区域的热夜日数 TR 在内蒙古北部、中部以及山西和河北北部等大部地区基本没有变化。因而结合 SU、FD、ID 及 TR 的趋势变化特点,一定程度上印证了上述(8.2.4.1 节)对于华北区域未来日较差的分析结果。

对于时间分布来说,华北区域各极端气温指数的趋势变化均与预估的热量资源分布一致,即 RCP8.5 排放情景相对 RCP4.5 有显著的持续性增长(或减少)变化,但从预估的未来各极端气温指数的变化幅度来看(表 8.14),RCP8.5 排放情景下的趋势变化并不是一味地比当前观测事实显著,如作物的生长期 GSL、霜冻日数 FD,其未来趋势的变化幅度均比观测事实小。RCP4.5 排放情景下的各气温极端指数的趋势变化均比观测事实小(表 8.12),其中,霜冻日数FD 和结冰日数 ID 趋势幅度的相对减少反映出了华北区域在近 50 年和未来几十年气温增暖的事实。同时,生长期 GSL、夏季日数 SU 及热夜日数 TR 增加幅度的减少一定程度上也反映出了这种区域气温增暖的可控性。

**表 8.14  1961—2099 年中国华北区域极端气温指数的未来趋势变化预估(d/10a)**

|  | GSL | FD | ID | SU | TR | WSDI | CSDI |
|---|---|---|---|---|---|---|---|
| RCP4.5 | 1.6* | −1.8* | −1.6* | 2.3* | 2.0* | 1.6* | −0.2* |
| RCP8.5 | 2.7* | −2.8* | −2.6* | 4.0* | 3.7* | 4.0* | −0.1* |

注:表中 * 表示通过显著性 0.05 检验。

另外,对于未来异常暖昼 WSDI 和异常冷昼 CSDI 来说,RCP4.5 和 RCP8.5 排放情景下,WSDI 趋势增加幅度均比观测事实显著,两种排放情景下分别为 1.6 d/10a、4.0 d/10a(表8.14);而 CSDI 的趋势变化幅度不明显,与当前观测到的异常冷昼持续变化基本一致。从而,两类极端指数未来趋势的预估结果同样反映出了华北区域的气温增暖事实。

### 8.2.5  小结

(1)从观测事实来看,1961—2014 年中国华北区域积温的显著增加主要集中在 20 世纪 90年代初至 21 世纪初期。≥0 ℃、10 ℃、15 ℃活动积温增加最为显著的主要分布在北京中部、天津和内蒙古大部,变化幅度为 75～100 ℃/10a。其中,≥15 ℃活动积温的持续增加,一定程度上会缩短北方耐寒作物的生育期,影响其产量,但同时也会延长喜温作物的灌浆成熟过程;而≥0 ℃和≥10 ℃活动积温的显著增加,亦会造成无霜期的延长,有利于喜温作物的生长。对于有效积温来说,>10 ℃积温的趋势增加幅度明显大于 15 ℃有效积温,突出表现在内蒙古北部和西部地区,幅度为 50～75 ℃/10a,从而,会大大改善越冬条件,减缓冬性品种作物因不能满足春化作用,导致产量下降的不利影响,减少越冬作物的种植风险,提高喜温作物的单产产量。

(2)从模拟预估来看,RCP4.5 和 RCP8.5 两种排放情景下,华北区域未来的积温均有显著的上升趋势,特别是 RCP8.5 排放情景的时间序列呈现出持续性的增暖变化,并且增暖幅度明显高于当前观测到的积温变化;RCP4.5 排放情景的积温增暖幅度相对较小,时间序列在 21世纪中期(2060 年左右)以后处于平稳的趋势变化。与观测事实一致的是,不论是 RCP4.5 还是 RCP8.5 排放情景下,未来的华北区域≥15 ℃活动积温的趋势增加幅度均较大,≥0 ℃和≥10 ℃的趋势增加幅度均相当;而>10 ℃有效积温的增加幅度较 15 ℃有效积温明显。因此,对于华北地区来说,优化种植制度是适应气候变化最重要的技术手段。

(3)对于日较差来说,观测事实表明近 50 年来,华北区域气温日较差基本呈明显的减少趋势,特别是内蒙大部、华北区域东南部,可能会大大降低积温的有效性,减弱光合生产潜力,一定程度上会导致作物品质的下降。但是模拟预估结果显示,未来的日较差趋势变化均不显著,因此,在未来几十年的气候变化中,华北区域的日最低气温不会像近 50 年观测到的升温速率较显著,而很可能会与日最高气温的变化相当或低于日最高气温的增温速率。

(4)对极端温度事件的分析表明,观测到的极端气温指数的空间分布与热量资源表现出较大的一致性。代表暖事件的生长期 GSL 和夏季日数 SU 均呈显著增加趋势,增加幅度分别为3.0 d/10a、2.6 d/10a;代表冷事件的霜冻日数 FD 和结冰日数 ID 则表现出显著的减少趋势,幅度分别为 −3.8 d/10a、−2.1 d/10a;异常暖昼 WSDI 和异常冷昼 CSDI 的时空变化印证了日最高、最低气温在内蒙古等北部地区的增暖变化;而热夜日数 TR 的趋势变化反映出日最低气温升高的有限性,进一步说明了日较差的变化对作物光合物质的转化、积累和贮存并不是一味地减弱,特别是气温较低的北部地区。然而,对于未来的预估结果,各极端气温指数与对应观测事实的趋势变化特点一致,但从变化幅度来看,RCP8.5 排放情景下的趋势变化并不是一味地比当前观测事实显著,而 RCP4.5 排放情景下的各极端指数的趋势变化均比观测事实小。因此,极端温度事件的分析结果既反映出华北区域在近 50 年和未来几十年气温增暖的事实,也反映出了这种区域气温增暖的可控性。

## 8.3　城市发展对中国华北区域极端温度事件影响

IPCC(2012)最新特别报告指出,快速的城市化和超大城市的发展,特别是在发展中国家,已经导致出现高度脆弱的城市社区。自 1950 年以来收集到的观测证据表明,在全球尺度,对于有足够资料的大多数陆地区域,冷昼和冷夜日数很可能减少,而暖昼和暖夜日数很可能增加。模式预估也得到了相同的研究结论。中国大陆地区也表现出了与全球极端温度事件一致的变化特点(任国玉 等,2014;章大全 等,2008;Zhai et al.,2003)。特别是增暖显著的北方地区,更是表现出显著的极端增暖变化。任福民和翟盘茂(1998),翟盘茂和潘晓华(2003),龚道溢和韩晖(2004),以及 Gong et al.(2004)分别通过对不同极端气温指数的变化研究表明了该结论。原因分析,目前主要倾向于人为气候变化的影响,也有学者从大气环流角度进行了个例解释(卫捷 等,2007;张尚印 等,2004)。然而,尽管城市化在区域/局地气候变化的显著影响是勿庸质疑的(司鹏 等,2010b;周雅清 等,2009;司鹏 等,2009;Ren et al.,2007),但到目前为止,前人的研究并没有将其与极端气温异常事件结合起来,没有从城市化角度对极端事件的变化进行解释,因而,无法全面认识城市化在区域/局地气候变化中的重要作用。

本节拟从中国华北区域入手,通过比较分析观测到的 1961—2010 年城乡地区年、季节极端温度指数的变化,以反映城市化对极端温度事件的影响特征和贡献幅度。同时,研究利用区域气候模式(RegCM3)IPCC SRES A1B 温室气体排放情景下的模拟结果,对未来极端温度事件的变化趋势进行预估。拟通过观测事实和模式预估的相互印证,来全面认识城市化带来的区域气温变化影响。

### 8.3.1　研究资料

#### 8.3.1.1　地面观测资料

地面观测资料主要从北京、天津、河北、内蒙古以及山西五省(自治区、直辖市)中,依据时间序列的长度、资料完整性对台站进行筛选。剔除缺测数据大于全序列长度1%或者有连续缺测年的台站,最终选取 268 个基准、基本和一般站 1961—2010 年的逐日最低、最高气温序列进行研究。另外,为反映长时间尺度序列的变化特点,对其中时间序列长度为 1951—2010 年的台站也进行了选取。

#### 8.3.1.2　区域气候模式模拟数据

模拟数据为《中国地区气候变化预估数据集 Version2.0》区域气候模式(RegCM3)20 世纪控制实验和 21 世纪预估试验的日平均地面最低、最高气温数据,由国家气候中心提供,时间序列长度为 1981—2098 年。依据地面观测资料筛选的 268 个台站信息,选取距离每个站点最近的格点值作为模拟预估的研究对象进行分析。选取 1981—2000 年作为当代,2021—2098年作为未来,2041—2060 年作为 21 世纪中期,2081—2098 年作为 21 世纪末期,进行华北区域未来城市化影响模拟预估。

### 8.3.1.3　再分析资料

再分析资料为美国国家海洋大气局/环境科学研究合作协会气候诊断中心提供(http://www.cdc.noaa.gov)的,NCEP/DOE AMIP-Ⅱ Reanalysis 1979—2010 年逐日平均最低、最高气温数据(以下简称 R-2),空间格点为 192×94(全球 762 高斯网格)。这里通过反距离加权插值分别把 R-2 地面最低、最高气温网格数据对应于筛选的华北区域 268 个站点信息,反插到站点水平进行研究分析。

## 8.3.2　研究方法

### 8.3.2.1　地面观测资料的质量控制和均一性分析

观测到的极端事件变化信度取决于资料的质量和数量,以及对这些资料分析研究的可获得性(IPCC,2012)。因此,在保证研究资料全面完整的前提下,首先对选出的 268 个地面观测台站建站以来的逐日最低、最高气温资料进行基本逻辑检验,主要步骤(1)内部一致性检测:比较最低、最高气温值的大小,检测是否出现最高值小于最低值;(2)野值检测:分别检验最低、最高气温值是否有超出范围 $\left[ \overline{x} \pm N \times \sqrt{\dfrac{1}{n}\sum\limits_{i=1}^{n}(x_i-\overline{x})^2} \right]$ 的极值,其中,$\overline{x}$ 为某日最低(高)气温值累年平均值,$\sqrt{\dfrac{1}{n}\sum\limits_{i=1}^{n}(x_i-\overline{x})^2}$ 为某日最低(高)气温值累年均方差,研究中取 $N=4$。经人工核实如出现上述不合理的数值,利用缺测值代替。

台站迁移是造成中国观测气温时间序列非均一性的最主要因素之一(Li et al.,2004b)。研究中利用 RHtestsV3 均一性分析方法,结合台站元数据,对质控后的逐日最低、最高气温资料进行均一性检验,并重点针对迁站造成的时间序列不连续进行订正。

图 8.15 给出华北区域利用 RHtestsV3 订正后的基本、基准站气温趋势与中国均一化历史气温数据集(1.0 版)(CHHT)的比较结果。

从 RHtestsV3 订正结果来看(图 8.15a、8.15b),最高气温的增暖趋势变化小于最低气温,与当今气候增暖变化事实相符合,同时,也与 CHHT 最高、最低气温趋势变化特点一致。另外,与 CHHT 比较可以看出(图 8.15c、8.15d),两种方法订正得到的最高、最低气温趋势变化幅度基本在同一量级内。因此,可以说利用 RHtestsV3 方法得到的均一性订正气温资料来评估华北区域极端温度事件是相对可靠的。

### 8.3.2.2　极端温度指数定义

从 ETCCDMI 定义(Peterson et al.,2001)的极端指数中选取 7 个温度指数(表 8.15),来描述华北区域不同极端温度事件出现的频率、变化幅度等特征。指数计算利用加拿大气象局提供的 RClimDex 软件包(http://cccma.seos.uvic.ca/ETCCDMI/software.shtml)。针对观测资料和模拟数据分别选取 1971—2000 年、1981—2010 年作为代表某一台站气温要素超过气候阈值天数的极端指数标准值。

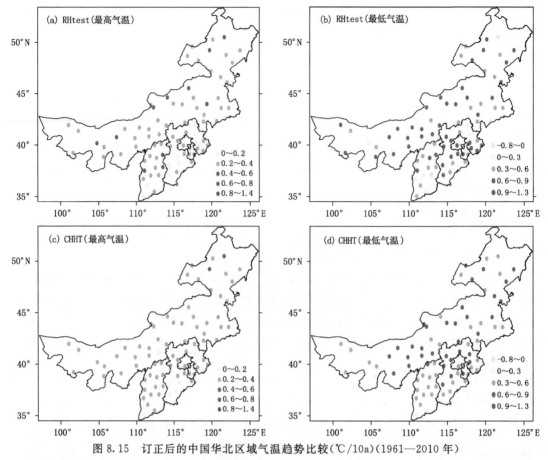

图 8.15　订正后的中国华北区域气温趋势比较(℃/10a)(1961—2010 年)

(a、b 分别为利用 RHtestsV3 方法订正后的最高、最低气温趋势;c、d 分别为 CHHT 订正后最高、最低气温趋势)

表 8.15　极端温度指数的定义

| 指数 | 名称 | 定义 | 单位 |
|---|---|---|---|
| TXx | 月极端最高气温 | 每月内日最高气温的最大值 | ℃ |
| TNn | 月极端最低气温 | 每月内日最低气温的最小值 | ℃ |
| TN10p | 冷夜日数 | 日最低气温(TN)小于 10%阈值的天数 | d |
| TN90p | 暖夜日数 | 日最低气温(TN)大于 90%阈值的天数 | d |
| TX10p | 冷昼日数 | 日最高气温(TX)小于 10%阈值的天数 | d |
| TX90p | 暖昼日数 | 日最高气温(TX)大于 90%阈值的天数 | d |
| DTR | 日较差 | 逐月日最高气温(TX)与日最低气温(TN)的差值平均值 | ℃ |

#### 8.3.2.3　城乡台站的划分

城市化造成土地利用的改变是导致城市热岛效应的主要原因之一,本章选用 MODIS 反演地表温度数据结合台站元数据对城乡台站类型进行判断。MODIS 数据产品为 2010 年 1 月 1 日至 6 月 1 日 MOD11A2 地表温度,空间分辨率为 1000 m,时间分辨率为 8 d(http://lad-sweb. nascom. nasa. gov)。对于华北地区,共拼接 19 幅数字图像,根据城市热岛效应原理

(IPCC,2001)计算每幅图像中各个气象站周围 2 km 范围与 50 km 范围内地表平均温度的差值,考虑到遥感反演产品存在少部分空缺情况、产品质量,以及不同天气条件下,热岛效应强弱等问题,计算时去掉两个最高差值和两个最低差值,将其余所有差值的平均值,作为地表温度阈值,划分城乡台站类型标准。

为得到客观准确的阈值标准,从上述计算得到的地表温度差值中,分别选取不同数值 1.0、1.5、2.0、2.5、3.0、3.5、4.0、4.5,计算大于该数值时的城乡台站分类结果(图 8.16)。

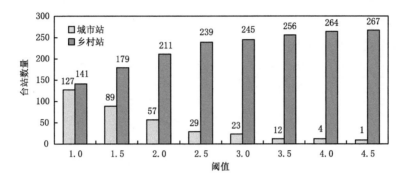

图 8.16 中国华北区域不同阈值标准划分的城乡台站数

从图 8.16 可以看出,随着阈值数值的增大,城市站数量越少,而乡村站却占主要比例,当阈值数值大于等于 2.5 以上时,城市站占乡村站的比例小于 12%,从城市化发展角度来看,这一划分结果是不合理的,因此,对阈值数值的选取集中在了 1.0~2.0。本节沿用 Easterling et al.(1997),Li et al.(2004a)利用人口数据划分台站的研究思路,选取(1)地表温度阈值≥2.0,均定义为"城市站";(2)1.0≤地表温度阈值<2.0,并且台站所在环境为"市区",定义为"城市站";(3)除了 1、2 情况之外的,均定义为"乡村站",划分结果如图 8.17a 所示。同时,本节也给出利用 2010 年中国第六次人口普查数据结合台站元数据对华北区域 268 个地面气象站类型的划分结果(图 8.17b)。

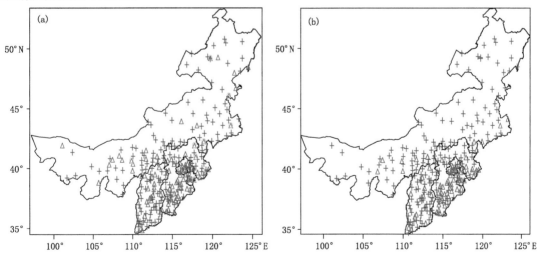

图 8.17 MODIS 产品(a)及人口数据(b)对华北地区城乡台站划分结果
(十字和三角分别代表乡村和城市站,(a)中圆圈代表台站拥有数据长度 1951—2010 年)

根据表 8.16 统计结果来看,两种方法得到的城乡台站类型一致性达到 73% 以上。通过比对,城市站划分结果中,两种方法得到不一致的台站,有 81% 所在环境表现为市区、郊外、郊区、城郊等。随着社会经济的发展,许多离发达城市较近的地区环境势必会受到城市化扩展的影响,较为典型的为北京城区近郊的一些区县。这些台站在 MODIS 产品划分结果中均定义为"城市站"。在乡村站划分结果中,不一致的台站,有 44% 所在环境表现为乡村,主要集中在河北省的一些县。另外,还有部分所处环境为集镇、郊外等的台站,实属城市化发展较为缓慢的地区,如天津的宝坻、静海等郊县,在 MODIS 产品划分结果中定义为"乡村站"。因此,从分析结果来看,利用 MODIS 反演地表温度结合台站元数据的台站类型划分结果基本符合客观事实,能够为本节的研究结论提供可靠基础。

**表 8.16  MODIS 产品及人口数据对华北地区城乡台站划分结果**

| | MODIS 产品 | 人口数据 | 一致的数量 |
| --- | --- | --- | --- |
| 城市站 | 89 | 77 | 47 |
| 乡村站 | 179 | 191 | 149 |

城/乡区域平均极端温度指数序列的建立分别由城/乡台站标准化序列的算数平均得到。

#### 8.3.2.4  趋势分析

本节采用迭代加权最小二乘法(鲁棒回归)对华北区域极端温度指数的回归系数进行拟合(施能 等,1992;陈希孺 等,1987;Cross,1977)。鲁棒回归的主要作用是缩小因变量中可能存在的离群值、异常值、缺失数据和多重共线性等不规则数据的影响,当这些数据确实是由失误引起时,可以删除(如 8.3.2.1 质量控制),但在许多情况下无法从客观角度来进行判断。另外,在目前的线性回归应用中,对其模型提出了若干基本假设,但实际中完全满足这些基本假设的情况并不多见。那么,这时应用普通最小二乘法就不能得到无偏的、有效的参数估计量。

实际极端温度指数序列的趋势幅度 $DS = ds \times s$,其中,$ds$ 为标准化序列的趋势幅度,$s$ 为实际序列的均方差。

回归系数的检验采用如下方法,假设统计量服从 $t$ 分布,则统计量 $p = \dfrac{b}{S_r}$,其中 $b$ 为回归系数估计值,$S_r = \sqrt{\dfrac{\sum\limits_{i=1}^{n}(y_i - \hat{y}_i)^2}{n-m-1}}$,(这里 $n$ 为序列长度,$m=1$),因此,在显著水平 $\alpha = 0.05$ 下,根据一次抽样得到的样本估计值 $p > p_a$,即认为回归方程是显著的。

### 8.3.3  城市化对华北区域年平均极端温度事件的影响

#### 8.3.3.1  观测事实

图 8.18 给出华北区域城乡台站 1961—2010 年极端最低气温指数(TNn)的趋势变化分布情况。图中显示,城市站(图 8.18a)和乡村站(图 8.18b)中均有 90% 以上的台站表现出 TNn 趋势增加,并且通过显著性检验的占有 70% 左右。从增暖幅度来看,趋势值显著大于 0.6 ℃/10a 以上的城市站和乡村站分别占 60% 和 50% 左右。另外,长时间尺度变化显示,1951—2010 年 TNn 趋势增暖变化也非常显著,10 个代表站中最大增暖幅度达 0.914 ℃/10a,最小也达到 0.311 ℃/10a。不难看出,华北区域极端最低气温的增暖趋势在时间尺度上是较为显著的。

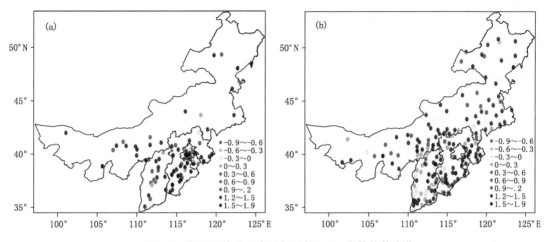

图 8.18　华北区域城乡台站年平均 TNn 指数趋势变化

（图中黑色三角表示趋势值通过显著性 0.05 检验，年份：1961—2010 年）(a)城市站，(b)乡村站

　　从城乡对比来看，城市站极端最低气温指数（TNn）的增暖幅度要大于乡村站，二者差值为 0.193℃/10a，占区域平均 TNn 增暖变化的 35.7%（表 8.17）。而极端最高气温指数（TXx），尽管近 50 年来，城市站和乡村站也表现出了增暖变化，但趋势显著性检验不明显，城市化贡献也仅为 12.8%，说明从较长时间变化来看，TXx 增暖并不具有代表性。

表 8.17　华北区域年平均极端温度指数趋势变化

| 指数 | 1961—2010 年 | | | | | 1951—2010 年 | 单位 (/10a) |
| | 区域平均 | 城市 | 乡村 | （城－乡）差值 | （城－乡）差值/区域平均(%) | 城市 | |
| --- | --- | --- | --- | --- | --- | --- | --- |
| TXx | 0.196 | 0.213 | 0.188 | 0.025 | 12.8 | 0.188 | ℃ |
| TNn | **0.541** | **0.669** | **0.476** | **0.193** | 35.7 | **0.632** | ℃ |
| TN10p | **−2.569** | **−3.028** | **−2.334** | **−0.694** | 27.0 | **−2.231** | d |
| TN90p | **2.278** | **2.862** | **1.994** | **0.868** | 38.1 | **1.871** | d |
| TX10p | **−0.901** | **−0.980** | **−0.871** | **−0.109** | 12.1 | **−1.124** | d |
| TX90p | **1.347** | **1.422** | **1.326** | **0.096** | 7.1 | **1.119** | d |
| DTR | **−0.212** | **−0.289** | **−0.170** | **−0.119** | 56.0 | **−0.159** | ℃ |

注：表中加粗数值表示通过显著性 0.05 检验；1951—2010 年极端温度指数趋势变化基于 10 个城市站数据（见图 8.15）。

　　如图 8.18 所示，华北区域冷夜（TN10p）、暖夜（TN90p）日数分别与冷昼（TX10p）、暖昼（TX90p）日数趋势变化特点一致，冷事件均有显著的减少趋势，而暖事件均有显著的增加趋势。但是从变化幅度来看，冷昼（TX10p）和暖昼（TX90p）日数趋势变化远远小于冷夜（TN10p）和暖夜（TN90p）（表 8.17），表现出日极端事件的趋势变化幅度小于夜极端事件，尤其是冷事件的趋势幅度相差极大（TN10p 为−2.569 d/10a，TX10p 为−0.901 d/10a），因而导致日较差（DTR）的显著减小（−0.212 ℃/10a）。这一变化特点在 Klein et al.（2006）对中南亚地区的温度极端事件研究中有同样的描述。

由图 8.19 也不难发现,1961 年以来,城市站和乡村站的冷(暖)事件变化趋势与整个华北区域一致,但是城市站的变化幅度要大于乡村站(表 8.17),并且夜极端事件表现得更为突出。表 8.17 统计结果显示,城乡台站暖夜(TN90p)日数差值达到 0.868 d/10a,占区域平均的38.1%,冷夜(TN10p)日数差值为－0.694 d/10a,占区域平均的 27.0%。同样,城市的夜极端事件带来的气温增暖幅度远远大于日极端事件的事实,也导致了日较差趋势的显著减少(－0.119 ℃/10a),并且该变化占区域平均的 56.0%。另外,1951 年以来的城市站冷(暖)极端事件也表现出与区域平均一致的趋势变化特点(图略)。

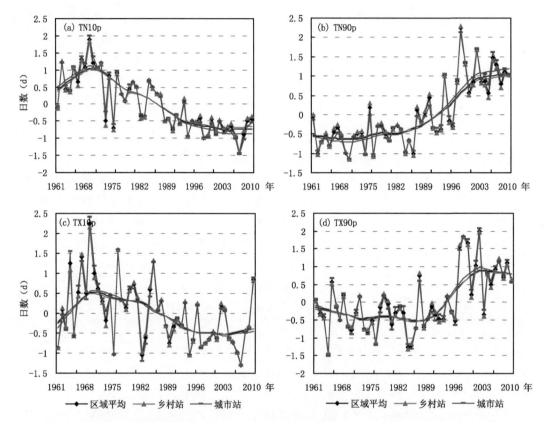

图 8.19　华北区域年平均(a)冷夜 TN10p、(b)暖夜 TN90p、(c)冷昼 TX10p、(d)暖昼 TX90p
指数标准化序列(1961—2010 年,图中拟合曲线为 lowess 平滑曲线)

#### 8.3.3.2　再分析与观测资料对比分析

表 8.18 中给出华北区域 R-2 资料与对应观测资料极端温度指数的统计结果。R-2 资料的地面温度数据在拟合过程中并没有采用地面台站的观测数据,所以不受陆地表面变化情况的影响(Kanamitsu et al.,2002)。Zhou et al.(2004)对 R-2 资料的城市化敏感性检验结果也表明,相对于观测数据,城市化对 R-2 气温数据并没有显著影响。因此,R-2 可视为区域背景气候变化,与观测资料形成对比,作为评估城市化影响程度。

**表 8.18 R-2 与观测资料年平均极端温度指数对比结果(1979—2010 年)**

|  | 观测数据 | R-2 | 差值 | 差值/观测数据(%) | 单位(/10a) |
|---|---|---|---|---|---|
| TXx | **0.655** | **0.473** | **0.182** | **27.8** | ℃ |
| TNn | 0.308 | 0.072 | 0.231 | 75.0 | ℃ |
| TN10p | **−2.965** | −0.309 | −2.656 | 89.6 | d |
| TN90p | **2.979** | **1.166** | **1.813** | **60.9** | d |
| TX10p | **−1.149** | 0.100 | −1.249 | —— | d |
| TX90p | **2.336** | **1.738** | **0.598** | **25.6** | d |
| DTR | **−0.155** | **0.088** | **−0.243** | —— | ℃ |

注:表中加粗数值表示通过显著性 0.05 检验。

由于 R-2 资料起始于 1979 年,在对比分析 R-2 资料和实测资料时,选定 1981—2010 年作为计算极端温度指数的 30 年气候标准值。表 8.18 中 R-2 数据统计结果显示,仅有极端最高气温指数(TXx)、暖夜(TN90p)、暖昼(TX90p)及日较差(DTR)趋势变化通过显著性 0.05 检验。其中,暖夜(TN90p)和暖昼(TX90p)趋势增加幅度较大,1979 年以来分别为 1.166 d/10a、1.738 d/10a。从 R-2 与实测对比来看,暖夜(TN90p)日数趋势差异占实际变化的 60.9%,城市化贡献最为突出。极端最高气温指数(TXx)和暖昼(TX90p)日数受城市化影响程度分别为 27.8%、25.6%,也相对较大。分析表明,1979 年以来,城市化对华北区域极端暖事件的年变化有显著增加影响。

另外,结合 8.3.3.1 观测事实的分析结果,可以看出,尽管城市化评估方法不同,但是 1961—2010 年和 1979—2010 年两个时间段的极端暖事件受城市化影响,增加幅度均很明显,尤其是暖夜(TN90p)日数,但从贡献幅度来看,1979 年以来的更为突出。

#### 8.3.3.3 模式预估

RegCM3 区域气候模拟结果可较好地再现当代中国地区气温的变化特征,同时对未来的模拟预估也较为合理(高学杰 等,2012)。另外,模式使用的植被覆盖在中国区域内是实测资料(刘纪远 等,2003),能够实际反映出城市化进程的当代和未来人文驱动形式。利用 RegCM3 对 21 世纪中国华北区域极端温度事件的预估结果,如表 8.19 所示。

**表 8.19 华北区域未来年平均极端温度指数趋势变化**

|  | 年份 | TXx | TNn | TN10p | TN90p | TX10p | TX90p | DTR |
|---|---|---|---|---|---|---|---|---|
| 区域平均 | 2021—2098 | **0.568** | **0.756** | **−0.271** | **5.788** | **−0.421** | **3.888** | **−0.050** |
|  | 2041—2060 | **1.004** | 0.379 | −0.461 | **6.214** | −0.520 | 3.581 | **−0.112** |
|  | 2081—2098 | −0.051 | 0.407 | −0.012 | 3.980 | −0.095 | 1.571 | −0.089 |
| 城市 | 2021—2098 | **0.564** | **0.754** | **−0.251** | **5.694** | **−0.389** | **3.806** | **−0.054** |
|  | 2041—2060 | **1.000** | 0.465 | −0.488 | 5.652 | −0.474 | 3.017 | **−0.128** |
|  | 2081—2098 | −0.050 | 0.624 | −0.015 | 5.642 | −0.067 | 1.475 | −0.088 |
| 乡村 | 2021—2098 | **0.568** | **0.750** | **−0.266** | **5.827** | **−0.423** | **3.932** | **−0.049** |
|  | 2041—2060 | **1.008** | 0.339 | −0.459 | **6.496** | −0.545 | 3.865 | −0.103 |
|  | 2081—2098 | −0.047 | 0.311 | −0.012 | 3.672 | −0.106 | 2.029 | −0.087 |

| | 年份 | TXx | TNn | TN10p | TN90p | TX10p | TX90p | DTR |
|---|---|---|---|---|---|---|---|---|
| （城-乡）差值 | 2021—2098 | **−0.004** | **0.004** | **0.015** | **−0.133** | **0.034** | **−0.126** | **−0.005** |
| | 2041—2060 | **−0.008** | 0.126 | −0.029 | −0.844 | 0.071 | −0.848 | −0.025 |
| | 2081—2098 | −0.003 | 0.313 | −0.003 | 1.970 | 0.039 | −0.554 | −0.001 |
| 单位(/10a) | | ℃ | ℃ | d | d | d | d | ℃ |

注:表中加粗数值表示通过显著性 0.05 检验。2021—2098 年表示未来,2041—2060 年表示 21 世纪中期,2081—2098 年表示 21 世纪末期。

　　表 8.19 显示,华北区域未来(2021—2098 年)极端温度事件趋势变化显著,而 21 世纪中期(2041—2060 年)和末期(2081—2098 年)基本不显著。未来各极端温度指数的趋势变化特征与近 50 年来(1961—2010 年)观测统计结果一致,表现出极端最高(TXx)、最低气温(TNn)的趋势增加,冷夜(TN10p)和冷昼(TX10p)日数的减少,暖夜(TN90p)和暖昼(TX90p)日数的增加(图 8.20)。可以说,华北区域的气温增暖变化从时间尺度来看是必然的。但变化幅度对比显示,未来极端最高(TNn)、最低气温(TXx)的增加幅度比近 50 年来观测到的明显。未来日极端事件(TX10p、TX90p)的趋势变化幅度与夜极端事件(TN10p、TN90p)相当,导致预估的日较差(DTR)变化并没有如观测事实那样表现出较大幅度的减少(表 8.17)。

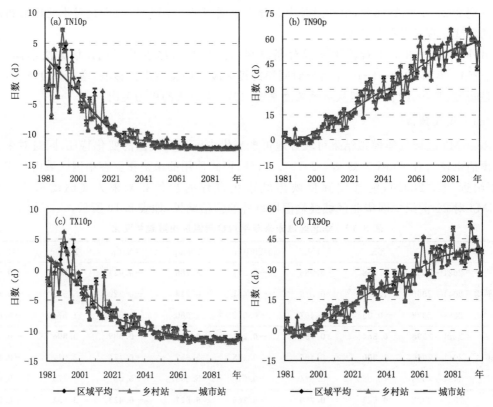

图 8.20　1981—2098 年华北区域(a)冷夜 TN10p、(b)暖夜 TN90p、(c)冷昼 TX10p、(d)暖昼 TX90p 指数变化序列(图中拟合曲线为 lowess 平滑曲线)

　　同样,未来华北区域极端温度变化特征也表现在城市站和乡村站中,但从表 8.19 差值统计结果能够看出,与近几十年观测结果不同的是,未来几十年乡村地区城市化建设进程要快于城市地区,极端增暖变化也较为明显。

　　综合上述的分析结果,无论是观测事实、再分析数据对比还是模拟预估,均得到了华北区域近几十年和未来几十年极端气温增暖的事实,而其中的城市化增暖贡献亦是非常显著的。

### 8.3.4　城市化对华北区域季节平均极端温度事件的影响

#### 8.3.4.1　观测事实

　　如图 8.21 所示,华北区域冬季极端最低气温指数(TNn)的趋势增加幅度最为明显,春季次之,夏季相对最小。其中,冬季约有 86% 的城乡台站 TNn 表现出显著增加趋势(通过显著性水平 0.05 检验),增加幅度达 0.6 ℃/10a 以上的为 76% 左右。对于夏季 TNn 变化,趋势显著增加的占 84% 左右,幅度达 0.6 ℃/10a 以上的约为 32%。而春、秋季 TNn 趋势显著增加的分别约占有 85% 和 76%,增幅达 0.6 ℃/10a 以上的分别占 59% 和 45% 左右。同样,1951年以来,10 个代表站冬季 TNn 趋势平均增幅依然相对最大,春季次之,而夏季最小(表 8.20)。总的来看,与年平均变化一致,华北区域各季节极端最低气温趋势在时间尺度上增加明显,其中冬季尤为突出。

　　从城乡对比来看,如表 8.20 所示,近 50 年来,城乡站各季节 TNn 趋势增加显著(通过显著性水平 0.05 检验),同样,城市站的增加幅度要大于乡村站,其中,冬季 TNn 城乡趋势差值最大,为 0.213 ℃/10a,占区域增暖的 26.2%,夏季最小,仅为 0.058 ℃/10a,增暖贡献为12.7%。对于极端最高气温指数(TXx)变化来说,仅有春季和秋季趋势增加显著,但城乡差异较小。另外,相对 TNn 趋势变化,季节 TXx 增加幅度较小。1951 年以来,除了夏季,其他季节 TXx 均表现出显著的增加趋势,但增加幅度小于 TNn。

　　从区域各季节冷夜(TN10p)、暖夜(TN90p)、冷昼(TX10p)及暖昼(TX90p)日数趋势变化特点来看(这里以春季为例,如图 8.22 所示),与年平均极端温度变化特点一致,冷事件(夏、秋TX10p 除外)有显著的减少趋势,而暖事件均有显著的增加趋势。各季节表现出的日极端事件趋势变化幅度小于夜极端事件,导致了季节日较差(DTR)的显著减少变化(秋季除外),其中冬季最为显著。这种变化特点也同样体现在 1951 年以来的冷(暖)极端事件变化中(图略)。

　　另外,表 8.20 结果显示,近 50 年来,春季冷事件(TN10p、TX10p)和暖事件(TN90p、TX90p)指数变化城乡差异最大,城市化贡献也相对最大,反映出城市化导致的季节极端增暖变化的显著性。其中,春季暖夜(TN90p)和冷夜(TN10p)日数趋势,城乡差值分别为 1.017d/10a、−0.820 d/10a,占区域极端指数变化的 46.8%、33.1%。而城市化导致的暖昼(TX90p)和冷昼(TX10p)日数趋势变化分别为 0.087 d/10a、−0.173 d/10a,贡献为 8.3%、16.4%。同样,城市化带来的夜极端事件变化幅度大于日极端事件的事实,导致了春季日较差的显著减小(−0.125 ℃/10a),贡献达 47.2%。

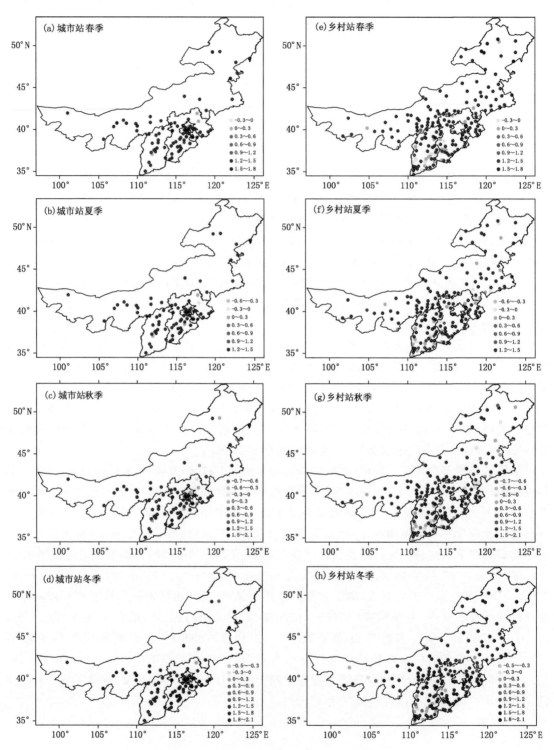

图 8.21　华北区域季节城乡台站 TNn 指数趋势变化

（图中黑色菱形表示趋势值通过显著性 0.05 检验，1961—2010 年）

### 表 8.20　华北区域季节极端温度指数趋势变化

| 年份 | 季节 | | TXx | TNn | TN10p | TN90p | TX10p | TX90p | DTR |
|---|---|---|---|---|---|---|---|---|---|
| 1961—2010 | 春 | 区域平均 | **0.287** | **0.646** | **−2.481** | **2.175** | **−1.057** | **1.048** | **−0.265** |
| | 夏 | | 0.173 | **0.458** | **−2.337** | **2.617** | −0.543 | **1.425** | **−0.149** |
| | 秋 | | **0.349** | **0.520** | **−2.108** | **1.828** | −0.656 | **1.458** | **−0.101** |
| | 冬 | | **0.305** | **0.812** | **−2.919** | **2.476** | **−1.582** | **1.132** | **−0.272** |
| | 春 | （城-乡）差值 | 0.014 | 0.125 | −0.820 | 1.017 | −0.173 | 0.087 | −0.125 |
| | 夏 | | 0 | 0.058 | −0.581 | 0.989 | −0.037 | 0.035 | −0.089 |
| | 秋 | | −0.005 | 0.138 | −0.612 | 0.481 | −0.062 | −0.014 | −0.119 |
| | 冬 | | −0.049 | 0.213 | −0.735 | 0.679 | −0.101 | −0.001 | −0.144 |
| | 春 | 贡献（%） | 4.9 | 19.3 | 33.1 | 46.8 | 16.4 | 8.3 | 47.2 |
| | 夏 | | 0 | 12.7 | 24.9 | 37.8 | 6.8 | 2.5 | 59.7 |
| | 秋 | | —— | 26.5 | 29.0 | 26.3 | 9.5 | —— | —— |
| | 冬 | | —— | 26.2 | 25.2 | 27.4 | 6.4 | —— | 52.9 |
| 1951—2010 | 春 | 城市 | **0.314** | **0.653** | **−3.060** | **1.860** | **−1.568** | **0.834** | **−0.170** |
| | 夏 | | 0.149 | **0.301** | **−1.489** | **2.022** | **−0.726** | **1.212** | −0.061 |
| | 秋 | | **0.165** | **0.330** | **−1.604** | **1.381** | −0.419 | **0.914** | **−0.118** |
| | 冬 | | **0.240** | **0.654** | **−2.963** | **1.936** | **−1.607** | **0.918** | **−0.240** |
| 单位(/10a) | | | ℃ | ℃ | d | d | d | d | ℃ |

注：表中加粗数值表示城市、乡村站以及区域平均极端温度指数的趋势变化均通过显著性 0.05 检验。

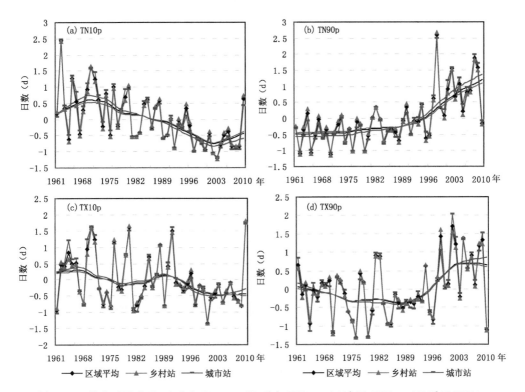

图 8.22　华北区域春季(a)冷夜 TN10p、(b)暖夜 TN90p、(c)冷昼 TX10p、(d)暖昼 TX90p
指数标准化序列(1961—2010 年,图中拟合曲线为 lowess 平滑曲线)

#### 8.3.4.2 再分析与观测资料对比分析

表 8.21 显示,1979 年以来,各季节 R-2 与观测资料的极端温度指数对比结果基本不显著,仅有极端最高气温指数(TXx)和暖昼(TX90p)日数在春、夏(秋)季趋势变化通过显著性水平 0.05 检验。从城市化影响来看,春、夏季 TX90p 增加幅度分别为 0.589 d/10a 和 0.780 d/10a,对区域暖昼日数增加贡献达到 21.2% 和 22.4%,较极端最高气温指数(TXx)变化明显。

表 8.21  R-2 与观测资料季节极端温度指数对比结果(1979—2010 年)

| | | TXx | TNn | TN10p | TN90p | TX10p | TX90p | DTR |
|---|---|---|---|---|---|---|---|---|
| 春季 | 观测数据 | 0.902 | 0.568 | −3.321 | 3.248 | −2.026 | 2.783 | −0.154 |
| | R-2 | 0.742 | 0.166 | −0.921 | 1.221 | −0.711 | 2.194 | −0.004 |
| | 差值 | 0.160 | 0.402 | −2.400 | 2.027 | −1.315 | 0.589 | −0.150 |
| | 贡献(%) | 17.7 | 70.8 | 72.3 | 62.4 | 64.9 | 21.2 | 97.4 |
| 夏季 | 观测数据 | 0.639 | 0.586 | −3.357 | 3.985 | −1.417 | 3.479 | −0.019 |
| | R-2 | 0.521 | 0.281 | −0.193 | 1.614 | −1.206 | 2.699 | 0.301 |
| | 差值 | 0.118 | 0.305 | −3.164 | 2.371 | −0.211 | 0.780 | −0.320 |
| | 贡献(%) | 18.5 | 52.0 | 94.3 | 59.5 | 14.9 | 22.4 | —— |
| 秋季 | 观测数据 | 0.399 | 0.689 | −3.078 | 2.667 | −0.734 | 1.985 | −0.141 |
| | R-2 | 0.391 | 0.251 | −0.928 | 1.388 | −0.155 | 1.169 | 0.103 |
| | 差值 | 0.008 | 0.438 | −2.150 | 1.279 | −0.579 | 0.816 | −0.244 |
| | 贡献(%) | 2.0 | 63.6 | 69.9 | 48.0 | 78.9 | 41.1 | —— |
| 冬季 | 观测数据 | 0.469 | 0.797 | −3.053 | 2.850 | −0.818 | 1.468 | −0.315 |
| | R-2 | 0.232 | 0.396 | −0.355 | 1.409 | 0.965 | 1.288 | −0.137 |
| | 差值 | 0.237 | 0.401 | −2.698 | 1.441 | −1.783 | 0.180 | −0.178 |
| | 贡献(%) | 50.5 | 50.3 | 88.4 | 50.6 | —— | 12.3 | 56.5 |
| 单位(/10a) | | ℃ | ℃ | d | d | d | d | ℃ |

注:表中加粗数值表示通过显著性 0.05 检验。

#### 8.3.4.3 模式预估

与年平均尺度的预估结果一致,华北区域 21 世纪中期(2041—2060 年)和末期(2081—2098 年)季节极端温度指数的趋势变化基本不显著(表略)。而未来(2021—2098 年)趋势变化中,除了夏、冬季日较差趋势变化不显著外,其他季节各极端温度指数趋势变化均显著(表8.22)。同样,与观测事实对应的未来华北区域年平均极端温度事件预估特征也基本表现在未

表 8.22  华北区域未来季节极端温度指数趋势变化(2021—2098 年)

| | 季节 | TXx | TNn | TN10p | TN90p | TX10p | TX90p | DTR |
|---|---|---|---|---|---|---|---|---|
| 区域平均 | 春 | 0.348 | 0.486 | −0.215 | 4.634 | −0.530 | 2.441 | −0.079 |
| | 夏 | 0.497 | 0.424 | −0.100 | 4.891 | −0.274 | 3.352 | −0.029 |
| | 秋 | 0.369 | 0.400 | −0.025 | 6.170 | −0.245 | 3.483 | −0.080 |
| | 冬 | 0.512 | 0.722 | −0.073 | 7.112 | −0.209 | 5.844 | −0.016 |

续表

|  | 季节 | TXx | TNn | TN10p | TN90p | TX10p | TX90p | DTR |
|---|---|---|---|---|---|---|---|---|
| 城市 | 春 | **0.337** | **0.472** | −0.192 | **4.560** | **−0.533** | **2.412** | −0.086 |
|  | 夏 | **0.491** | **0.404** | −0.103 | **4.553** | −0.240 | **3.132** | −0.032 |
|  | 秋 | **0.356** | **0.377** | −0.046 | **6.006** | −0.262 | **3.332** | −0.088 |
|  | 冬 | **0.503** | **0.719** | −0.046 | **7.274** | −0.128 | **5.892** | −0.014 |
| 乡村 | 春 | **0.354** | **0.493** | −0.259 | **4.676** | **−0.532** | **2.467** | −0.075 |
|  | 夏 | **0.496** | **0.435** | −0.065 | **5.065** | −0.295 | **3.464** | −0.027 |
|  | 秋 | **0.375** | **0.407** | −0.026 | **6.234** | −0.238 | **3.545** | −0.076 |
|  | 冬 | **0.515** | **0.723** | −0.080 | **7.040** | −0.224 | **5.827** | −0.018 |
| （城-乡）差值 | 春 | −0.017 | −0.021 | 0.067 | −0.116 | −0.001 | −0.055 | −0.011 |
|  | 夏 | −0.005 | −0.031 | −0.038 | −0.512 | 0.055 | −0.332 | −0.005 |
|  | 秋 | −0.019 | −0.030 | −0.020 | −0.228 | −0.024 | −0.213 | −0.012 |
|  | 冬 | −0.012 | −0.004 | 0.034 | 0.234 | 0.096 | 0.065 | 0.004 |
| 单位(/10a) | | ℃ | ℃ | d | d | d | d | ℃ |

注：表中加粗数值表示通过显著性 0.05 检验。

来各个季节中(图 8.23)。另外,表 8.22 差值也显示,未来乡村站季节极端温度指数的趋势变化幅度比城市站明显,因此,结合年平均尺度的预估结果可以看出,华北区域乡村地区的城市化进程在未来几十年中势必会比城市地区显著。

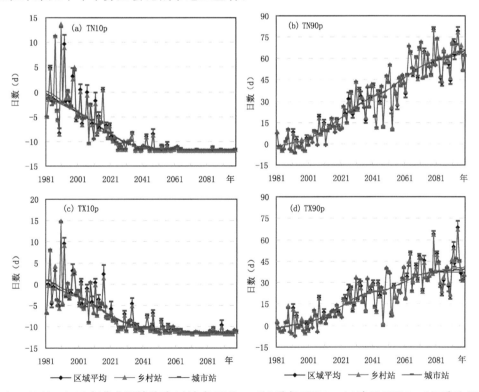

图 8.23　1981—2098 年华北区域秋季(a)冷夜 TN10p、(b)暖夜 TN90p、(c)冷昼 TX10p、(d)暖昼 TX90p 指数变化序列(图中拟合曲线为 lowess 平滑曲线)

### 8.3.5 小结

本章利用观测资料和模拟数据分析城市化对华北区域极端温度事件的影响特点中,得到了相同的研究结论,无论在年平均尺度还是季节尺度二者均表达出城市化增暖的趋势变化特点,并且在未来几十年乡村地区的城市化进程在一定程度上会占有主导地位。

从观测事实来看,近50年来,华北区域日极端事件(TX10p、TX90p)的趋势变化幅度远远小于夜极端事件(TN10p、TN90p),从而导致了日较差(DTR)的显著减少,其中的城市化对年、冬季日较差趋势减少贡献分别为56.0%、52.9%。在R-2资料与实测对比中,暖夜(TN90p)日数的显著增加也同样印证了华北区域的城市化增暖,年平均尺度的城市化贡献达60.9%。作为气温增暖变化的另一指标,极端最低气温指数(TNn)和极端最高气温指数(TXx)也表现出了增加趋势。1961—2010年TNn趋势增暖幅度达0.6 ℃/10a以上的城市站和乡村站分别占60%和50%左右,冬季则有76%左右,其中的城市化贡献分别占35.7%、26.2%。

从模拟预估来看,尽管未来预估日较差(DTR)趋势变化并没有如观测事实那样表现出较大幅度的减少,但是年、季节极端最低(TNn)、最高气温(TXx)的趋势增加,极端冷事件(TX10p、TN10p)的减少以及极端暖事件(TX90p、TN90p)的增加依然能够表达出华北区域未来几十年的增暖趋势。

# 参考文献

白永清,祁海霞,刘琳,等,2016. 武汉大气能见度与PM$_{2.5}$浓度及相对湿度关系的非线性分析及能见度预报 [J]. 气象学报,74(2):189-199.

曹丽娟,鞠晓慧,刘小宁,2010. PMFT方法对我国年平均风速的均一性检验[J]. 气象,36(10):52-56.

陈峰,袁玉江,魏文寿,等,2009. 呼图壁河流域过去313年春季平均最高气温序列及其特征分析[J]. 中国沙漠,29(1):16-167.

陈鹏翔,江远安,刘精,2014. 新疆区域逐月缺测气温序列的插补及重建 [J]. 冰川冻土,36(5):1237-1244.

陈锐杰,刘峰贵,陈琼,等,2018. 近60年青藏高原东北缘极端气温事件与气温日较差分析——以西宁地区为例[J]. 高原气象,37(5):1188-1198.

陈希孺,王松桂,1987. 近代回归分析——原理方法及应用[M]. 合肥:安徽教育出版社,1987:91-150,341-356.

程思,2010. 中国近五十年风速及风能的时空变化特征[D]. 南京:南京信息工程大学,2010,1-65.

邓长菊,尹晓惠,甘璐,2014. 北京雾与霾天气大气液态水含量和相对湿度层结特征分析[J]. 气候与环境研究,19(2):193-199.

丁玲玲,葛全胜,郑景云,等,2013. 1736—2009年华南地区冬季年平均气温序列重建[J]. 第四纪研究,33(6):1191-1198.

丁一汇,任国玉,赵宗慈,等,2007. 中国气候变化的检测及预估[J]. 沙漠与绿洲气象,1(1):1-10.

窦晶晶,王迎春,苗世光,2014. 北京城区近地面比湿和风场时空分布特征[J]. 应用气象学报,25(5):559-569.

杜传耀,于丽萍,王缅,等,2015. 对雾-霾过程的综合探测[J]. 气象,41(12):1525-1530.

樊高峰,马洁,张小伟,等,2016. 相对湿度和PM$_{2.5}$浓度对大气能见度的影响研究:基于小时资料的多站对比分析[J]. 气象学报,74(6):959-973.

房世波,韩国军,张新时,等,2011. 气候变化对农业生产的影响及其适应[J]. 气象科技进展,1(2):15-19.

高霁,杨红龙,陶生才,等,2012. 未来情景下东北地区极端气候事件的模拟分析[J]. 中国农学通报,28(14):295-300.

高路,郝璐,2014. ERA-Interim气温数据在中国区域的适用性评估[J]. 亚热带资源与环境学报,9(2):75-81.

高素华,郭建平,赵四强,等,1996. "高温"对我国小麦生长发育及产量的影响[J]. 大气科学,20(5):599-605.

高文兰,李双双,段克勤,等,2018. 基于均一化资料的西安极端气温变化特征研究[J]. 地理科学,38(3):464-473.

高学杰,石英,张冬峰,等,2012. RegCM3对21世纪中国区域气候变化的高分辨率模拟[J]. 科学通报,57(5):374-381.

龚道溢,韩晖,2004. 华北农牧交错带夏季极端气候的趋势分析[J]. 地理学报,59(2):230-238.

郭军,任国玉,任雨,2011. 近100年天津平均气温与极端气温变化[J]. 高原气象,30(5):1399-1405.

郭艳君,丁一汇,2014. 1958—2005年中国高空大气比湿变化[J]. 大气科学,38(1):1-12.

黄嘉佑,2000. 气象统计分析与预报方法[M]. 北京:气象出版社,5,38-51.

黄嘉佑,刘小宁,李庆祥,2004. 夏季降水量与气温资料的恢复试验[J]. 应用气象学报,15(2):200-206.

姬兴杰，朱业玉，刘晓迎，等，2011. 气候变化对北方冬麦区冬小麦生育期的影响[J]. 中国农业气象，32
　　(4):576-581.

吉振明，2012. 新排放情景下中国气候变化的高分辨率数值模拟研究[D]. 北京:中国科学院青藏高原研究
　　所，19-42.

贾艳青，张勃，张耀宗，等，2017. 长江三角洲地区极端气温事件变化特征及其与 ENSO 的关系[J]. 生态学
　　报，37(19):6402-6414.

蒋明卓，曾穗平，曾坚，2015. 天津城市扩张及其微气候特征演化研究[J]. 干旱区资源与环境，29(9):
　　159-164.

靳立亚，秦宁生，勾晓华，等，2005. 青海南部高原近 450 年来春季最高气温序列及其时变特征[J]. 第四纪
　　研究，25(2):193-201.

李丽平，白婷，2014. 华南夏季多年平均降水低频特征及其与低频水汽输送关系[J]. 大气科学学报，37(3):
　　323-332.

李庆祥，Menne M J，Williams Jr C N，等，2005. 利用多模式对中国气温序列中不连续点的检测[J]. 气候与
　　环境研究，10(4):736-742.

李庆祥，李伟，鞠晓慧，2006. 1998 年以来中国气温持续极端偏暖的事实[J]. 科技导报，24(4):37-40.

李庆祥，江志红，黄群，等，2008a. 长江三角洲地区降水资料的均一性检验与订正试验[J]. 应用气象学报，
　　19(2):219-226.

李庆祥，黄嘉佑，鞠晓慧，2008b. 上海地区最高气温资料的恢复试验[J]. 热带气象学报，24(4):349-353.

李庆祥，董文杰，李伟，等，2010. 近百年中国气温变化中的不确定性估计[J]. 科学通报，55(16):
　　1544-1554.

李庆祥，2011. 气候资料均一性研究导论[M]. 北京:气象出版社.

李庆祥，2016. 我国气候资料均一性研究现状与展望[J]. 气象科技进展，6(3):67-74.

李庆祥，彭嘉栋，沈艳，2012. 1900—2009 年中国均一化逐月降水数据集研制[J]. 地理学报，67(3):
　　301-311.

李正泉，张青，马浩，等，2014. 浙江省年平均气温百年序列的构建[J]. 气象与环境科学，37(4):17-24.

刘纪远，刘明亮，庄大方，等，2003. 中国近期土地利用变化的空间格局分析[J]. 中国科学 D 辑:地球科学，
　　46:373-384.

刘俊明，谢甫娣，2001. 作物栽培学[M]. 沈阳:辽宁民族出版社，43-45.

刘小宁，2000. 我国 40 年年平均风速的均一性检验[J]. 应用气象学报，11(1):27-34.

刘小宁，任芝花，王颖，2008. 自动观测与人工观测地面温度的差异及其分析[J]. 应用气象学报，19(5):
　　554-563.

柳艳香，郭裕福，2005. 中高纬度气压系统异常对东亚夏季风年代际变化的影响[J]. 高原气象，24(2):
　　129-135.

马洁华，刘园，杨晓光，等，2010. 全球气候变化背景下华北平原气候资源变化趋势[J]. 生态学报，30(14):
　　3818-3827.

马楠，赵春生，陈静，等，2015. 基于实测 $PM_{2.5}$、能见度和相对湿度分辨雾霾的新方法[J]. 中国科学:地球
　　科学，45(2):227-235.

孟祥林，2015. 京津冀一体化背景下"北京—保定"协同发展对策分析[J]. 北京化工大学学报(社会科学版)，
　　3:25-30.

彭嘉栋，廖玉芳，刘珺婷，等，2014. 洞庭湖区近百年气温序列构建及其变化特征[J]. 气象与环境学报，30
　　(5):62-68.

任福民，翟盘茂，1998. 1951-1990 年中国极端气温变化分析[J]. 大气科学，22(2):217-227.

任国玉，封国林，严中伟，2014. 中国极端气候变化观测研究回顾与展望[J]. 气候与环境研究，15(4):

337-353.

任永建,陈正洪,肖莺,等,2010. 武汉区域百年地表气温变化趋势研究[J]. 地理科学,30(2):278-282.

任雨,郭军,2014. 天津 1891 年以来器测气温序列的均一化[J]. 高原气象,33(3):855-860.

任芝花,余予,邹凤玲,等,2012. 部分地面要素历史基础气象资料质量检测[J]. 应用气象学报,23(6):
    739-747.

荣艳淑,梁嘉颖,2008. 华北地区风速变化的分析[J]. 气象科学,28(6):655-658.

沙文钰,蔡剑平,1994. 太平洋和印度洋表层水温、海平面气压变化关系及对东亚冷夏的影响[J]. 气象学
    报,52(1):117-120.

沈艳,任芝花,王颖,等,2008. 我国自动与人工蒸发量观测资料的对比分析[J]. 应用气象学报,19(4):463-
    470.

施能,王建新,1992. 稳健回归的反复加权最小二乘迭代解法及其应用[J]. 应用气象学报,3(3):353-358.

施能,陈家其,屠其璞,1995. 中国近 100 年来 4 个年代际的气候变化特征[J]. 气象学报,53(4):431-439.

石英,高学杰,吴佳,等,2014. 华北地区未来气候变化的高分辨率数值模拟[J]. 应用气象学报,21(5):
    580-589.

司鹏,李庆祥,轩春怡,等,2009. 城市化对北京气温变化的贡献分析[J]. 自然灾害学报,18(4):138-144.

司鹏,李庆祥,李伟,2010a. 城市化进程对中国东北部气温增暖的贡献检测[J]. 气象,36(2):13-21.

司鹏,李庆祥,李伟,等,2010b. 城市化对深圳气温变化的贡献[J]. 大气科学学报,33(1):110-116.

司鹏,解以扬,2015a. 天津太阳总辐射资料的均一性分析[J]. 气候与环境研究,20(3):269-276.

司鹏,徐文慧,2015b. 利用 RHtestsV4 软件包对天津 1951—2012 年逐日气温序列的均一性分析[J]. 气候
    与环境研究,20(6):663-674.

司鹏,高润祥,2015c. 天津雾和霾自动观测与人工观测的对比评估[J]. 应用气象学报,26(2):240-246.

司鹏,罗传军,姜罕盛,等,2018. 天津地面相对湿度资料的非均一性检验及订正[J]. 气象,44(10):
    1332-1341.

宋迎波,王建林,杨霏云,等,2006. 粮食安全气象服务[M]. 北京:气象出版社.

孙康远,阮征,魏鸣,等,2013. 风廓线雷达反演大气比湿廓线的初步试验[J]. 应用气象学报,24(4):
    407-415.

谭方颖,王建林,宋迎波,2010. 华北平原近 45 年气候变化特征分析[J]. 气象,36(5):40-45.

谭凯炎,房世波,任三学,等,2009. 非对称性对农业生态系统影响研究进展[J]. 应用气象学报,20(5):
    634-641.

唐国利,丁一汇,王绍武,等,2009. 中国近百年温度曲线的对比分析[J]. 气候变化研究进展,5(2):71-78.

陶丽,周宇桐,李瑞芬,2016. 我国霾日和 API 分布特征及典型大城市中它们与气象条件关系[J]. 大气科学
    学报,39(1):110-125.

王岱,游庆龙,江志红,等,2016. 基于均一化资料的中国极端地面气温变化分析[J]. 高原气象,35(5):
    1352-1363.

王海军,涂诗玉,陈正洪,2008. 日气温数据缺测的插补方法试验与误差方法[J]. 气温,34(7):83-91.

王冀,蒋大凯,张英娟,2012. 华北地区极端气候事件的时空变化规律分析[J]. 中国农业气象,33(2):
    166-173.

王劲松,陈发虎,靳立亚,等,2008. 近 100 年来中东亚干旱区气候异常与海平面气压异常的关系[J]. 高原
    气象,27(1):84-95.

汪青春,秦宁生,李栋梁,等,2005. 利用多条树轮资料重建青海高原近 250 年年平均气温序列[J]. 高原气
    象,24(3):320-325.

王秋香,李庆祥,周昊楠,等,2012. 中国降水序列均一性研究及对比分析[J]. 气象,38(11):1390-1398.

王绍武,1990. 公元 1380 年以来我国华北气温序列的重建[J]. 中国科学(B辑),5:553-560.

王绍武，叶瑾琳，龚道溢，等，1998. 近百年中国年气温序列的建立[J]. 应用气象学报，9(4):392-401.

王绍武，罗勇，赵宗慈，等，2014. 全球变暖的停滞还能持续多久[J]. 气候变化研究进展，10(6):465-468.

王石立，庄立伟，王馥棠，2003. 近20年气候变暖对东北农业生产水热条件影响的研究[J]. 应用气象学报，14(2):152-164.

王晓利，侯西勇，2017. 1961—2014年中国沿海极端气温事件变化及区域差异分析[J].生态学报，37(21):7098-7113.

王颖，刘小宁，鞠晓慧，2007. 自动观测与人工观测差异的初步分析[J]. 应用气象学报，18(6):849-855.

卫捷，孙建华，2007. 华北地区夏季高温闷热天气特征的分析[J]. 气候与环境研究，12(3):453-463.

谢庄，曹鸿兴，李慧，等，2000. 近百余年北京气候变化的小波特征[J]. 气象学报，58(3):362-369.

熊敏诠，2015.近30年中国地面风速分区及气候特征[J].高原气象，34(1):39-49.

徐集云，石英，高学杰，等，2013. RegCM3对中国21世纪极端气候事件变化的高分辨率模拟[J]. 科学通报，58(8):724-733.

许爱华，陈翔翔，肖安，等，2016. 江西省区域性平流雾气象要素特征分析及预报思路[J]. 气象，42(3):372-381.

许建玉，王艳杰，2013. 基于ERA Interim资料的2003年淮河流域梅雨期水汽收支分析[J]. 暴雨灾害，32(4):324-329.

杨萍，刘伟东，王启光，等，2014. 近40年我国极端温度变化趋势和季节特征[J]. 应用气象学报，21(1):29-36.

杨青，刘新春，霍文，等，2009. 塔克拉玛干沙漠腹地1961—1998年逐月平均气温序列的重建[J]. 气候变化研究进展，5(2):85-89.

杨溯，李庆祥，2014. 中国降水量序列均一性分析方法及数据集更新完善[J]. 气候变化研究进展，10(4):276-281.

杨溯，徐文慧，许艳，等，2016.全球地面降水月值历史数据集研制[J].气象学报，74(2):259-270.

杨艳娟，任雨，郭军，2011. 1951—2009年天津市主要极端气候指数变化趋势[J]. 气象与环境学报，27(5):21-26.

于庚康，王博妮，陈鹏，等，2015. 2013年初江苏连续性雾-霾天气的特征分析[J]. 气象，41(5):622-629.

余君，牟容，2008. 自动站与人工站相对湿度观测结果的差异及原因分析[J]. 气象，34(12):96-102.

余予，李俊，任芝花，等，2012. 标准序列法在日平均气温缺测数据插补中的应用[J]. 气象，38(9):1135-1139.

远芳，曹丽娟，唐国利，等，2015. 中国825个基准、基本站地面气压系统误差的检验与订正[J]. 气候变化研究进展，11(5):331-336.

苑跃，赵晓莉，王小兰，等，2010. 相对湿度自动与人工观测的差异分析[J].气象，36(12):102-108.

翟盘茂，潘晓华，2003. 中国北方近50年温度和降水极端事件变化[J]. 地理学报，58(增刊):1-10.

张爱英，任国玉，郭军，等，2009. 近30年我国高空风速变化趋势分析[J]，28(3):680-687.

张建平，赵艳霞，王春乙，等，2006. 气候变化对我国华北地区冬小麦发育和产量的影响[J]. 应用生态学报，17(7):1179-1184.

张尚印，宋艳玲，张德宽，等，2004. 华北主要城市夏季高温气候特征及评估方法[J]. 地理学报，59(3):383-390.

张同文，袁玉江，喻树龙，等，2008. 用树木年轮重建阿勒泰西部5—9月365年来的月平均气温序列[J]. 干旱区研究，25(2):288-294.

张扬，白红英，苏凯，等，2018. 1960—2013年秦岭陕西段南北坡极端气温变化空间差异[J]. 地理学报，73(7):1296-1308.

张媛，任国玉，2014. 无参考序列条件下地面气温观测资料城市化偏差订正方法:以北京站为例[J]. 地球物理学报，57(7):2197-2207.

张志斌，杨莹，张小平，等，2014. 我国西南地区风速变化及其影响因素[J]. 生态学报，34(2):471-481.

章大全，钱忠华，2008. 利用中值检测方法研究近50年中国极端气温变化趋势[J]. 物理学报，57(7):4634-4640.

赵玉广，李江波，李青春，2015. 华北平原3次持续性大雾过程的特征及成因分析[J]. 气象，41(4):427-437.

赵煜飞，朱亚妮，2017. 中国地面均一化相对湿度月值格点数据集的建立[J]. 气象，43(3):333-340.

郑景云，葛全胜，郝志新，等，2003. 1736—1999年西安与汉中地区年冬季平均气温序列重建[J]. 地理研究，22(3):343-348.

郑景云，刘洋，葛全胜，等，2015. 华中地区历史物候记录与1850—2008年的气温变化重建[J]. 地理学报，70(5):696-704.

中国气象局气候变化中心，2018. 中国气候变化蓝皮书[R]. 北京:中国气象局，3-4.

周淑贞，束炯，1994. 城市气候学[M]. 北京:气象出版社，346-417.

周顺武，马悦，宋瑶，等，2015. 中国东部地区冬季和夏季地面湿度空间分布特征的对比分析[J]. 气候与环境研究，20(5):589-599.

周雅清，任国玉，2009. 城市化对华北地区最高、最低气温和日较差变化趋势的影响[J]. 高原气象，28(5):1158-1166.

朱亚妮，曹丽娟，唐国利，等，2015. 中国地面相对湿度非均一性检验及订正[J]. 气候变化研究进展，11(6):379-386.

邹立尧，国世友，王冀，等，2010. 1961—2004年黑龙江省近地层风速变化趋势分析[J]. 气象，36(10):67-71.

AGUILAR Enric, AUER Inge, BRUNET Manola, et al, 2003. Guidance on metadata and homogenization[J]. Geneva, Switzerland: World Meteorological Organization, 55.

AIGUO Dai, WANG Junhong, PETER Thorne, et al, 2011. A new approach to homogenize daily radiosonde humidity data[J]. Journal of Climate, 24(4):965-991.

ALEXANDER Lisa V, PETTERI Uotila, NEVILLE Nicholls, et al, 2010. A new daily pressure dataset for Australia and its application to the assessment of changes in synoptic patterns during the last century[J]. Journal of Climate, 23(5): 1111-1126.

ALEXANDER Lisa, ZHANG Xuebin, PETERSON T C, et al, 2006. Global observed changes in daily climate extremes of temperature and precipitation[J]. Journal of Geophysical Research, 111:D05109.

ALEXANDERSSON Hans,1986. A homogeneity test applied to precipitation data[J]. Journal of Climatology, 6(6):661-675.

ALLEN Robert J, DEGAETANO Arthur T, 2001. Estimating missing daily temperature extremes using an optimized regression approach [J]. International Journal of Climatology, 21(11):1305-1319.

AMAYA Dillon J, SILER Nicholas, XIE Shangping, et al, 2018. The interplay of internal and forced modes of Hadley Cell expansion: lessons from the global warming hiatus[J]. Climate Dynamics, 51(14):305-319.

AZORIN-MOLINA Cesar, GUIJARRO Jose A, MCVICAR T R, et al, 2016. Trends of daily peak wind gusts in Spain and Portugal, 1961—2014[J]. Journal of Geophysical Research Atmospheres, 121(3):1059-1078.

AZORIN-MOLINA Cesar, VICENTE-SERRANO Sergio M, MCVICAR Tim R, et al, 2014. Homogenization and assessment of observed near-surface wind speed trends over Spain and Portugal, 1961—2011[J]. Journal of Climate, 27(10):3692-3712.

BINTANJA Richard, SELTEN Frank M, 2014. Future increases in Arctic precipitation linked to local evaporation and sea-ice retreat [J]. Nature, 509(7501):479-482.

BROHAN P, KENNEDY J J, HARRIS I, et al, 2006. Uncertainty estimates in regional and global observed temperature changes: A new data set from 1850 [J]. Journal of Geophysical Research, 111:D12106.

CAO Lijuan, ZHAO Ping, YAN Zhongwei, et al, 2013. Instrumental temperature series in eastern and central China back to the nineteenth century[J]. Journal of Geophysical Research: Atmospheres, 118(15): 8197-8207.

CHANG Won, STEIN Michael, WANG Jiali, et al, 2016. Changes in spatiotemporal precipitation patterns in changing climate conditions [J]. Journal of Climate, 29(23):8355-8376.

CHEN L, LI D, PRYOR S C,2013. Wind speed trends over China: quatifying the magnitude and assessing causality[J]. International Journal of Climatology, 33(33):2579-2590.

CHEN Xi, WANG Shanshan, HU Zengyu, et al, 2018. Spatiotemporal characteristics of seasonal precipitation and their relationships with ENSO in Central Asia during 1901—2013 [J]. Journal of Geographical Sciences, 28(9):1341-1368.

CHENOWETH Michael, 1992. A possible discontinuity in the U. S. historical temperature record [J]. Journal of Climate, 5(10):1172-1179.

CHOU Chia, CHIANG John C H, LAN Chia Wei, et al, 2013. Increase in the range between wet and dry season precipitation. Nature Geoscience, 6(4):263-267.

CROSS Alan M, 1977. Confidence intervals for bisquare regression estimates[J]. Journal of the American Statistical Association(0162—1459), 72(358):341-354.

CUI Linli, SHI Jun, 2012. Urbanization and its environmental effects in Shanghai, China[J]. Urban Climate, 2:1-15.

CUSACK Stephen, 2013. A 101 year record of windstorms in the Netherlands[J]. Climatic Change, 116(3): 693-704.

DAI Aiguo, WANG Junhong, THORNE Peter W, et al, 2011. A new approach to homogenize daily radiosonde humidity data[J]. Journal of Climate, 24(4):965-991.

DEE D P, UPPALA S M, SIMMONS A J, et al, 2011. The ERA-Interim reanalysis:configuration and performance of the data assimilation system[J]. Quarterly Journal of the Royal Meteorological Society, 137 (656):553-597.

DELLAa-MARTA Paul, WANNER Heinz, 2006. A method of homogenizing the extremes and mean of daily temperature measurements [J]. Journal of Climate, 19(17):4179-4197.

DIENST Manuel, LINDÉN Jenny, ENGSTRÖM Erik, et al, 2017. Removing the relocation bias from the 155-year Haparanda temperature record in Northern Europe[J]. International Journal of Climatology, 37 (11):4015-4026.

DING Zhiyong, WANG Yuyang, LU Ruijie, 2018. An analysis of changes in temperature extremes in the Three River Headwaters region of the Tibetan Plateau during 1961—2016[J]. Atmospheric Research, 209:103-114.

DONAT M G, ALEXANDER Lisa, YANG H, et al, 2013. Updated analyses of temperature and precipitation extremes indices since the beginning of the twentieth century: The HadEX2 dataset[J]. J Geophys Res Atmos, 118(5):2098-2118.

DOU Jiangjiang, WANG Yingchun, BORNSTEIN Robert, et al, 2015. Observed spatial characteristics of Beijing urban climate impacts on summer thunderstorms[J]. Journal of Applied Meteorology and Climatology, 54(1):94-105.

EASTERLING David R, HORTON Briony, JONES Philip D, et al, 1997. Maximum and minimum temperature trends for the globe [J]. Science, 277(5324):364-367.

FANG Hsin-Fa, 2014. Wind energy potential assessment for the offshore areas of Taiwan west coast and Penghu Archipelago[J]. Renewable Energy, 67: 237-241.

FU Guobin, YU Jingjie, ZHANG Yichi, et al, 2011. Temporal variation of wind speed in China for 1961—2007[J]. Theoretical and Applied Climatology, 104(3): 313-324.

GAO Xuejie, WANG Meili, FILIPPO Giorgi, 2013. Climate change over China in the 21st century as simulated by BCC-CSM1.1-RegCM4.0[J]. Atmospheric and Oceanic Science Letters, 6(5): 381-386.

GEHNE Maria, HAMILL Thomas M, KILADIS George N, et al, 2016. Comparison of global precipitation estimates across a range of temporal and spatial scales [J]. Journal of Climate, 29(21):7773-7795.

GLEISNER Hans, THEJLL Peter, CHRISTIANSEN Bo, et al, 2015. Recent global warming hiatus dominated by low-latitude temperature trends in surface and troposphere data[J]. Geophysical Research Letters, 42:510-517.

GONG Daoyi, PAN Yaozhong, WANG Jing'ai, 2004. Changes in extreme daily mean temperatures in summer in eastern China during 1955—2000[J]. Theoretical and Applied Climatology, 77(1-2), 25-37.

GOSWAMI Uttam P, BHARGAV K, HAZRA B, et al, 2018. Spatiotemporal and joint probability behavior of temperature extremes over the Himalayan region under changing climate [J]. Theoretical and Applied Climatology, 134(1-2):477-498.

GUAN Xiaodan, HUANG Jianping, GUO Ruixia, 2017. Changes in aridity in response to the global warming hiatus[J]. Journal of Meteorological Research, 31(1):117-125.

GUO Hua, XU Ming, HU Qi, 2011. Changes in near-surface wind speed in China: 1969—2005[J]. International Journal of Climatology, 31(3):49-358.

HAIMBERGER Leopold, TAVOLATO Christina, SPERKA Stefan, 2012. Homogenization of the global radiosonde temperature dataset through combined comparison with reanalysis background series and neighboring stations [J]. Journal of Climate, 25(23):8108-8131.

HANSEN J, RUEDY R, SATO M, et al, 2010. Global surface temperature change[J]. Reviews of Geophysics, 48(4):1-29.

HANSON Brooks, SUGDEN Andrew, ALBERTS Bruce, 2011. Making data maximally available [J]. Science, 331(6018):649.

HEGERL G C, THOMAS J C, MYLES A, et al, 2007. Detection of human influence on a new validated 1500-year temperature reconstruction [J]. Journal of Climate, 20(4):650-667.

HEWAARACHCHI Anuradha, LI Yingao, LUND Robert, et al, 2017. Homogenization of Daily Temperature Data [J]. Journal of Climate, 30, 985-999.

HOU Aizhong, NI Guangheng, YANG Hanbo, et al, 2013. Numerical analysis on the contribution of urbanization to wind stilling: an example over the greater Beijing metropolitan area[J]. Journal of Applied Meteorology and Climatology, 52(5): 1105-1115.

HU Zengyun, LI Qingxiang, CHEN Xi, et al, 2016. Climate changes in temperature and precipitation extremes in an alpine grassland of Central Asia [J]. Theoretical and Applied Climatology, 126, 519-531.

IPCC, 2001: Climate Change 2001: The Scientific Basis. Contribution of Working Group I to the Third Assessment Report of the Intergovernmental Panel on Climate Change[R]. Cambridge University Press, Cambridge, United Kingdom and New York, NY, USA, 881pp.

IPCC, 2007a: Observations: Surface and Atmospheric Climate Change. In: Climate Change 2007: The Physical Science Basis. Contribution of Working Group I to the Fourth Assessment Report of the Intergovernmental Panel on Climate Change[R]. Cambridge University Press, Cambridge, United Kingdom and New York, NY, USA, 237.

IPCC, 2007b. Climate Change 2007:Synthesis Report [R]. Contribution of Working Group I to the Fourth Assessment Report of the Intergovernmental Panel on Climate Change. Switzerland, Geneva, 104.

IPCC, 2012. Managing the risks of extreme events and disasters to advance climate change adaptation: a special report of working groups I and II of the Intergovernmental Panel on Climate Change[R]. Cambridge University Press, Cambridge, UK, and New York, NY, USA, 582 pp.

IPCC, 2013: Summary for Policymakers. In: Climate Change 2013: The Physical Science Basis. Contribution of Working Group I to the Fifth Assessment Report of the Intergovernmental Panel on Climate Change [R]. Cambridge University Press, Cambridge, United Kingdom and New York, NY, USA, 3.

JIANG Ying, LUO Yong, ZHAO Zongci, et al, 2010. Changes in wind speed over China during 1956—2004 [J]. Theoretical and Applied Climatology, 99: 421-430.

JONES P D, 1994. Hemispheric surface air temperature variations: a reanalysis and an update to 1993[J]. Journal of Climate, 7(11):1794-1802.

JONES P D, LISTER D H, OSBORN T J, et al, 2012. Hemispheric and large-scale land-surface air temperature variations: an extensive revision and an update to 2010[J]. Journal of Geophysical Research: Atmospheres (1984—2012), 117 (D5).

KAMIZAWA Nozomi, TAKAHASHI Hiroshi G, 2018. Projected trends in interannual variation in summer seasonal precipitation and its extremes over the tropical Asian monsoon regions in CMIP5 [J]. Journal of Climate, 31:8421-8439.

KANAMITSU Masao, EBISUZAKI Wesley, WOOLLEN Jack, et al, 2002. NCEP-DOE AMIP-Ⅱ REANALYSIS(R-2)[J]. American Meteorological Society, 83(11):1631-1643.

KATSIGIANNIS Yiannis A, STAVRAKAKIS George S, 2014. Estimation of wind energy production in various sites in Australia for different wind turbine classes: A comparative technical and economic assessment [J]. Renewable Energy, 67: 230-236.

KIM Yeon Hee, BAIK Jong Jin, 2005. Spatial and temporal structure of the urban heat island in Seoul[J]. J Appl Meteorol, 44(5):591-605.

KLEIN Tank A M G, PETERSON T C, QUADIR D A, et al, 2006. Changes in daily temperature and precipitation extremes in central and south Asia[J]. Journal of Geophysical Research, 111(D16):709-720.

KUGLITSCH Franz Gunther, AUCHMANN Renate, BLEISCH R, et al, 2012. Break detection of annual Swiss temperature series[J]. Journal of Geophysical Research, 117: D13105.

LI Juan, DONG Wenjie, YAN Zhongwei, 2012. Changes of climate extremes of temperature and precipitation in summer in eastern China associated with changes in atmospheric circulation in East Asia during 1960—2008[J]. Chinese Science Bulletin, 57(15):1856-1861.

LI Qingxiang, ZHANG Hongzheng, LIU Xiaoning, et al, 2004a. Urban heat island effect on annual mean temperature during the last 50 years in China[J]. Theor Appl Climatol, 79(3-4):165-174.

LI Qingxiang, LIU Xiaoning, ZHANG Hongzheng, et al, 2004b. Detecting and adjusting temporal inhomogeneity in Chinese mean surface air temperature data [J]. Advances in Atmospheric Sciences, 21(2):260-268.

LI Qingxiang, ZHANG Hongzheng, LIU Xiaoning, et al, 2009a. A mainland China homogenized historical temperature dataset of 1951—2004 [J]. Bulletin of the American Meteorological Society, 90(8):1062-1065.

LI Qingxiang, DONG Wenjie, 2009b. Detection and adjustment of undocumented discontinuities in Chinese temperature series using a composite approach[J]. Advances in Atmospheric Sciences, 26(1):143-153.

LI Ren, ARKIN Phillip, SMITH Thomas M, et al, 2013. Global precipitation trends in 1900—2005 from a reconstruction and coupled model simulations [J]. Journal of Geophysical Research: Atmospheres, 118 (4):1679-1689.

LI Zhen, YAN Zhongwei, TU Kai, et al, 2011. Changes in wind speed and extremes in Beijing during 1960—2008 based on homogenized observations[J]. Advances in Atmospheric Sciences, 28(2):408-420.

LIN Yong, FRANZKE Christian L E, 2015. Scale-dependency of the global mean surface temperature trend and its implication for the recent hiatus of global warming[J]. Nature, 5, 12971.

LINDGREN Bernard William,1968. Statistical Theory[M]. London:The Macmillan Company.

LIU Xiaoning, LI Qingxiang, 2003. Research of the inhomogeneity test of climatological data series in China [J]. Journal of Meteorological Research, 17, 492-502.

MA Lijuan, ZHANG Tingjun, LI Qingxiang, et al, 2008. Evaluation of ERA-40, NCEP-1, and NCEP-2 reanalysis air temperatures with ground-based measurements in China[J]. Journal of Geophysical Research, 113: D15115.

MEDHAUG Iselin, DRANGE Helge, 2016. Global and regional surface cooling in a warming climate: a multi-model analysis[J]. Climate Dynamics, 46(11-12):3899-3920.

MIELKE Paul W, 1986. Non-metric statistical analyses: Some metric alternatives[J]. Journal of Statistical Planning and inference, 13: 377-387.

MINOLA Lorenzo, AZORIN-MOLINA Cesar, CHEN Deliang, 2016. Homogenization and assessment of observed near-surface wind speed trends across Sweden, 1956—2013[J]. Journal of Climate, 29(20):7397-7415.

NAYAK Sridhara, DAIRAKU Koji, TAKAYABY Izuru, et al, 2018. Extreme precipitation linked to temperature over Japan: current evaluation and projected changes with multi-model ensemble downscaling [J]. Climate Dynamics, 51(11-12):4385-4401.

NGUYEN Phu, THORSTENSEN Andrea, SOROOSHIAN Soroosh, et al,2018. Global precipitation trends across spatial scales using satellite observations [J]. Bulletin of the American Meteorological Society, 99 (4):689-697.

PETERSON Thomas C, EASTERLING David R, 1994. Creation of homogeneous composite climatological reference series[J]. International Journal of Climatology, 14(6):671-679.

PETERSON Thomas C, FOLLAND C, GRUZA G, et al, 2001. Report on the activities of the Working Group on Climate Change detection and related rapporteurs 1998—2001[R]. World Climate Research Programme, ICPO Publication Series 48:1-144.

PETERSON Thomas C, VOSE Russell S, 1997. An overview of the global historical climatology network temperature database[J]. Bulletin of the American Meteorological Society, 78(12):2837-2849.

PRYOR S C, BARTHELMIE R L, YOUNG D T, et al, 2009. Wind speed trends over the contiguous United States[J]. Journal of Geophysical Research, 114, D14105.

QUAYLE Robert G, EASTERLING David R, KARL Thomas R, et al, 1991. Effects of recent thermometer changes in the cooperative station network [J]. Bulletin of the American Meteorological Society, 72(11): 1718-1723.

RAHIMZADEH Fatemeh, ZAVAREH Mojtaba Nassaji, 2014. Effects of adjustment for non-climatic discontinuities on determination of temperature trends and variability over Iran [J]. International Journal of Climatology, 34(6):2079-2096.

RAYNER N A, PARKER David E, HORTON E B, et al, 2003. Global analyses of sea surface temperature, sea ice, and night marine air temperature since the late nineteenth century [J]. Journal of Geophysical Research: Atmospheres, 108(D14):4407.

REN Guoyu, CHU Z Y, CHEN Z H, et al, 2007. Implications of temporal change in urban heat island intensity observed at Beijing and Wuhan stations[J]. Geophysical Research Letters, 34(5):L05711(1-5).

RICHARD Moss, MUSTAFA Babiker, SANDER Brinkman, et al, 2008. Towards new scenarios for analysis of emissions, climate change, impacts, and response strategies[R]. IPCC Expert Meeting Report. Intergovernmental Panel on Climate Change, Geneva, 132pp.

SAHA Saurav, CHAKRABORTY Debasish, PAUL Ranjit Kumar, et al, 2018. Disparity in rainfall trend and patterns among different regions: analysis of 158 years' time series of rainfall dataset across India [J]. Theoretical and Applied Climatology, 134(1-2):381-395.

SI Peng, LUO Chuanjun, LIANG Dongpo, 2018. Homogenization of Tianjin monthly near-surface wind speed using RHtestsV4 1951—2014 [J]. Theoretical and Applied Climatology, 132(3-4):1303-1320.

SI Peng, LUO Chuanjun, WANG Min, 2019. Homogenization of Surface Pressure Data in Tianjin, China [J]. Journal of Meteorological Research, 33(6):1-12.

SI Peng, REN Yu, LIANG Dongpo, et al, 2012. The combined influence of background climate and urbanization on the regional warming in Southeast China[J]. Journal of Geographical Sciences, 22(2): 245-260.

SI Peng, ZHENG Zuofang, REN Yu et al, 2014. Effects of urbanization on daily temperature extremes in North China. Journal of Geographical Sciences, 24(2):349-362

STEURER P,1985. Creation of a serially complete data base of high quality daily maximum and minimum temperature[M]. Washington D C: National Climate Center, NOAA, 1985: 21.

SUN Xiubao, REN Guoyu, XU Wenhui, et al, 2017. Global land-surface air temperature change based on the new CMA GLSAT data set [J]. Science Bulletin, 62(4):236-238.

TAKVOR H Soukissian, FLORA E Karathanasi, 2016. On the use of robust regression methods in wind speed assessment[J]. Renewable Energy, 99: 1287-1298.

THOMAS F Stocker, QIN Dahe, GIAN-KASPER Plattner, et al, 2013. Climate Change 2013: The physical science basis, Technical Summary [R]. IPCC WGI Fifth Assessment Report, Cambridge :Cambridge University Press.

TRENBERTH K E, JONES P D, AMBENJE P, et al, 2007. Observations: Surface and atmospheric climate change[R]. Contribution of Working Group I to the Fourth Assessment Report of the Intergovernmental Panel on Climate Change. UK: University of Cambridge, 237:243-245.

UPPALA S, DEE D, KOBAYASHI S, et al, 2008. Towards a climate data assimilation system:Status update of ERA-Interim[J]. ECMWF Newsletter, 115, 12-18.

WAN Hui, WANG Xiao Lan, SWAIL V R, 2010. Homogenization and trend analysis of Canadian near-surface wind speeds[J]. Journal of Climate, 23(5):1209-1225.

WAN Hui, WANG Xiaolan, SWAIL Val R, 2007. A quality assurance system for Canadian hourly pressure data[J]. Journal of Applied Meteorology and Climatology, 46(11):1804-1817.

WANG Aihui, FU Jianjian, 2013. Changes in daily climate extremes of observed temperature and precipitation in China[J]. Atmospheric and oceanic science letters, 6(5):312-319.

WANG Bin, LI Xiaofan, HUANG Yanyan, et al, 2016. Decadal trends of the annual amplitude of global precipitation [J]. Atmospheric Science Letters, 17(1):96-101.

WANG Jinfeng, XU Chengdong, HU Maogui, et al, 2018. Global land surface air temperature dynamics since 1880 [J]. International Journal of Climatology, 38(Suppl. 1):e466-e474.

WANG Xiaolan, 2008a. Penalized maximal F test for detecting undocumented mean shift without trend change

[J]. J Atmos Oceanic Technol, 25(3):368-384.

WANG Xiaolan, 2008b. Accounting for autocorrelation in detecting mean shifts in climate data series using the penalized maximal t or F test[J]. Journal of Applied Meteorology and Climatology, 47(9):2423-2444.

WANG Xiaolan, CHEN Hanfeng, WU Yuehua, et al, 2010. New techniques for the detection and adjustment of shifts in daily precipitation data series[J]. Journal of Applied Meteorology and Climatology, 49(12):2416-2436.

WANG Xiaolan, FENG Yang, VINCENT Lucie A, 2014. Observed changes in one-in-20 year extremes of Canadian surface air temperatures[J]. Atmosphere Ocean, 52(3):222-231.

WANG Xiaolan, WEN Qiuzi H, WU Yuehua, 2007. Penalized maximal t test for detecting undocumented mean change in climate data series[J]. Journal of Applied Meteorology and Climatology, 46(6):916-931.

WANG Xiaolan, ZWIERS Francis W, SWAIL Val R, et al, 2009. Trends and variability of storminess in the Northeast Atlantic region, 1874—2007[J]. Climate Dynamics, 33(7-8):1179-1195.

WESTRA Seth, ALEXANDER Lisa V, ZWIERS Francis W, et al, 2013. Global increasing trends in annual maximum daily precipitation [J]. Journal of Climate, 26(11):3904-3918.

WILLIAM A van Wijngaarden, LUCIE A Vincent, 2005. Examination of discontinuities in hourly surface relative humidity in Canada during 1953—2003[J]. Journal of Geophysical Research,110, D22102.

WILLIAM J Baule,MARTHA D Shulski, 2014. Climatology and trends of wind speed in the Beaufort/Chukchi Sea coastal region from 1979 to 2009[J]. International Journal of Climatology, 34(8):2819-2833.

WILLIAM S Cleveland, 1979. Robust locally weighted regression and smoothing scatterplots[J]. J Am Stat A, 74(368):829-836.

WILLMOTT Cort J, MATSUURA Kenji,2005. Advantages of the mean absolute error (MAE) over the root mean square error (RMSE) in assessing average model performance[J]. Climate Research, 30(1): 79-82.

WU Tingfeng, TIMO Huttula, QIN Boqiang, et al, 2016. In-situ erosion of cohesive sediment in a large shallow lake experiencing long-term decline in wind speed[J]. Journal of Hydrology, 539: 254-264.

XU Chengdong, WANG Jinfeng, LI Qingxiang, et al, 2018. A new method for temperature spatial interpolation based on sparse historical stations [J]. Journal of Climate, 31(5):1757-1770.

XU Ming, CHANG Chih-Pei, FU Congbin, et al, 2006. Steady decline of east Asian monsoon winds, 1969—2000: Evidence from direct ground measurements of wind speed[J]. Journal of Geophysical Research, 111, D24111.

XU Wenhui, LI Qingxiang, WANG Xiaolan, et al, 2013. Homogenization of Chinese daily surface air temperatures and analysis of trends in the extreme temperature indices[J]. Journal of Geophysical Research, 118(17):9708-9720.

YAN Zhongwei, WANG Jun, XIA Jiangjiang, et al,2016. Review of recent studies of the climatic effects of urbanization in China[J]. Advances in Climate Change Research, 7(3):154-168.

ZHAI Panmao, PAN Xiaohua, 2003. Trends in temperature extremes during 1951—1999 in China[J]. Geophysical Research Letters, 30(17):1913.

ZHANG Qiang, XU Chongyu, CHEN Xiaohong, et al, 2011. Statistical behaviours of precipitation regimes in China and their links with atmospheric circulation 1960—2005 [J]. International Journal of Climatology, 31(11):1665-1678.

ZHAO Chunyu, WANG Ying, ZHOU Xiaoyu, et al, 2013. Changes in climatic factors and extreme climate events in Northeast China during 1961—2014[J]. Advances in Climate Change Research, 4(2):92-102.

ZHOU Liming, DICKINSON Robert E, TIAN Yuhong, et al, 2004. Evidence for a significant urbanization effect on climate in China[J]. Proceedings of the National Academy of Sciences, 101(26):9540-9544.

ZHU Kuanguang，XIE Min，WANG Tijian et al，2017. A modeling study on the effect of urban land surface forcing to regional meteorology and air quality over South China[J]. Atmospheric Environment，152： 389-404.